农科擎

——院地合作推进乡村振兴纪实

广东省农业科学院 ◎ 编著

NONGKEQING
——YUANDI HEZUO TUIJIN XIANGCUN ZHENXING JISHI

中国农业出版社
北 京

图书在版编目（CIP）数据

农科擎：院地合作推进乡村振兴纪实／广东省农业
科学院编著 . —北京：中国农业出版社，2020.10
ISBN 978-7-109-27436-5

Ⅰ.①农…　Ⅱ.①广…　Ⅲ.①农村－社会主义建设－
研究－广东　Ⅳ.①F327.65

中国版本图书馆 CIP 数据核字（2020）第 194467 号

中国农业出版社出版
地址：北京市朝阳区麦子店街 18 号楼
邮编：100125
责任编辑：闫保荣
版式设计：王　晨　　责任校对：周丽芳　　封面题字：许固令
印刷：中农印务有限公司
版次：2020 年 10 月第 1 版
印次：2020 年 10 月北京第 1 次印刷
发行：新华书店北京发行所
开本：787mm×1092mm　1/16
印张：18.75
字数：310 千字
定价：60.00 元

前　言

当今世界正经历百年未有之大变局。我国发展面临的国内外环境正发生深刻变化，"十四五"时期以及更长时期的发展对加快科技创新提出了更为迫切的要求。习近平总书记强调："我国经济社会发展和民生改善比过去任何时候都更加需要科学技术解决方案，都更加需要增强创新这个第一动力"。

党的十九大提出实施乡村振兴战略，按照"产业兴旺、生态宜居、乡风文明、治理有效、生活富裕"的总要求，加快推进农业农村现代化。乡村振兴，产业兴旺是重点，产业兴旺离不开科技的支撑。

广东省农业科学院（以下简称"省农科院"）是广东省人民政府直属正厅级事业单位。作为省级农业科研机构，省农科院始终坚持以科技创新为立院之本，并以解决地方产业科技问题作为工作着力点。2015 年 9 月，时任广东省副省长邓海光同志对省农科院提出要求："要转变思路，顺应改革要求，大胆突破体制机制障碍，为广东省'三农'以及农业产业转型升级提供强有力的科技支撑"。在中共广东省委、省人民政府的正确领导下，在省财政厅、农业农村厅、科技厅等省直部门的大力支持和指导下，省农科院加大力度加强与地方的科技合作，以科技支撑地方"三农"事业发展。2015 年12 月，佛山市人民政府与省农科院签署战略合作协议，成立省农科院首个地方分院——广东省农业科学院佛山分院，正式拉开了院地合作序幕。省农科院院地合作受到地方党委、政府的热烈欢迎和高度认可，激发了省农科院与地方党委、政府双向互补的深度融合动力。

2018 年 4 月，时任广东省副省长叶贞琴同志在省农科院调研时强调：

"省农科院要按照'四个走在全国前列'的要求，着力加强科技创新和成果转化，充分发挥全省农业科技创新引领作用，为实施乡村振兴战略提供强有力的科技支撑。"时至今日，省农科院与地方政府共建省农科院地方分院（促进中心）13个、专家工作站28个，形成了基本覆盖全省农业发展区的立体化院地科技服务网络，推动开展了基层农业科技服务、科技特派员、科技支撑现代农业产业园、提升基层农科能力、科技进千村、应急科技服务等专项农业科技行动，逐步构建起以省农科院为源头、分院为支点、企业为载体、专家服务团为纽带、现代农业产业园为抓手的院地企联动的科技支撑体系，形成了"共建平台、下沉人才、协同创新、全链服务"的院地合作模式，开创了省农科院科技创新与地方社会经济发展紧密结合的新局面，引领广东科技强农创新热潮，使其成为在全国同行中可借鉴、可复制、可推广的经验。

农科擎，顾名思义，是指高举习近平新时代中国特色社会主义思想伟大旗帜，坚定不移推进省农科院"院地合作"模式，使之成为农业技术推广服务的新路径、农业科技发展的新引擎、实施乡村振兴战略的新动力。通过巩固和推广该模式，推动一批农业示范基地落地，促进一批科技成果转化，培育一批新型农业经营主体发展壮大，解决一批农业产业技术难题，带动一批基层农技队伍成长，努力帮助基层提升农业科技创新和农技推广能力，使科技支撑广东乡村振兴战略的作用不断得到强化。

本书围绕省农科院"院地合作"推进乡村振兴展开，由使命篇、行动篇和反响篇三部分构成。使命篇主要摘录开展院地合作所遵循的中央和广东省近年来有关农业科技工作的文件内容；行动篇以省农科院与地方政府共建的13个地方分院（促进中心）为基础，阐述省农科院科技支撑乡村振兴，探索构建"共建平台、下沉人才、协同创新、全链服务"院地合作模式的主要做法、成效和经验；反响篇主要收录近年来有关院地合作推进乡村振兴的新闻报道、典型案例，政府、企业、农民的感谢信。

站在全面建成小康社会、开启全面建设社会主义现代化国家新征程的历史新起点，我们正处在乡村振兴战略、"一核一带一区"区域发展新格局、"双区"建设重大战略机遇期，机遇与挑战并存，农业将大有可为，也比以往任何时期更加需要科技力量的支撑。期冀本书的出版，能为领导决策部门、农业科研和教育单位、农业科技工作者和农业经营者提供启发与借鉴，也为谋划和实施农业农村现代化"十四五"规划提供科学参考，使读者更加深入了解省级农业科技资源和人才积极融入和服务地方农业产业发展的经验做法，加深对农业科技在乡村振兴战略中的支撑引领作用的认识，为共同推动乡村振兴战略在祖国大地落地生根、结出丰硕成果贡献绵薄之力。

目　录

前言

使　命　篇

行　动　篇

反　响　篇

使命篇

2016—2020 年中央 1 号文
关于农业农村科技工作的内容摘要

健全适应现代农业发展要求的农业科技推广体系，对基层农技推广公益性与经营性服务机构提供精准支持，引导高等学校、科研院所开展农技服务。推行科技特派员制度，鼓励支持科技特派员深入一线创新创业。

——摘自《中共中央　国务院关于落实发展新理念加快农业现代化实现全面小康目标的若干意见》（2016 年中央 1 号文件）

加强农业科技研发。适应农业转方式调结构新要求，调整农业科技创新方向和重点。整合科技创新资源，完善国家农业科技创新体系和现代农业产业技术体系，建立一批现代农业产业科技创新中心和农业科技创新联盟，推进资源开放共享与服务平台基地建设。

强化农业科技推广。创新公益性农技推广服务方式，引入项目管理机制，推行政府购买服务，支持各类社会力量广泛参与农业科技推广。鼓励地方建立农科教产学研一体化农业技术推广联盟，支持农技推广人员与家庭农场、农民合作社、龙头企业开展技术合作。

——摘自《中共中央　国务院关于深入推进农业供给侧结构性改革加快培育农业农村发展新动能的若干意见》（2017 年中央 1 号文件）

发挥科技人才支撑作用。全面建立高等院校、科研院所等事业单位专业技术人员到乡村和企业挂职、兼职和离岗创新创业制度，保障其在职称评定、工资福利、社会保障等方面的权益。深入实施农业科研杰出人才计划和杰出青年农业科学家项目。健全种业等领域科研人员以知识产权明晰为基础、以知识价值为导向的分配政策。探索公益性和经营性农技推广融合发展机制，允许农技人员通过提供增值服务合理取酬。全面实施农技推广服务特聘计划。

——摘自《中共中央　国务院关于实施乡村振兴战略的意见》（2018 年

中央 1 号文件）

加强农业领域知识产权创造与应用。加快先进实用技术集成创新与推广应用。建立健全农业科研成果产权制度，赋予科研人员科技成果所有权，完善人才评价和流动保障机制，落实兼职兼薪、成果权益分配政策。

——摘自《中共中央　国务院关于坚持农业农村优先发展做好"三农"工作的若干意见》（2019 年中央 1 号文件）

培养更多知农爱农、扎根乡村的人才，推动更多科技成果应用到田间地头。

加强农业关键核心技术攻关，部署一批重大科技项目，抢占科技制高点。

采取长期稳定的支持方式，加强现代农业产业技术体系建设，扩大对特色优势农产品覆盖范围，面向农业全产业链配置科技资源。

加强农业产业科技创新中心建设。加强国家农业高新技术产业示范区、国家农业科技园区等创新平台基地建设。

——摘自《中共中央　国务院关于抓好"三农"领域重点工作确保如期实现全面小康的意见》（2020 年中央 1 号文件）

2015 年以来中共中央、国务院有关农业科技推广与成果转化的政策摘要

紧密对接地方产业技术创新、农业农村发展、社会公益等领域需求，继续实施万名专家服务基层行动计划、科技特派员、科技创业者行动、企业院士行、先进适用技术项目推广等，动员高校、科研院所、企业的科技人员及高层次专家，深入企业、园区、农村等基层一线开展技术咨询、技术服务、科技攻关、成果推广等科技成果转移转化活动，打造一支面向基层的科技成果转移转化人才队伍。

——摘自 2016 年 4 月国务院办公厅《促进科技成果转移转化行动方案》（国办发〔2016〕28 号）

支持普通高校、科研院所、职业学校和企业的科技人员发挥职业专长，到农村开展创业服务。

鼓励高校、科研院所通过许可、转让、技术入股等方式支持科技特派员转化科技成果，开展农村科技创业，保障科技特派员取得合法收益。

——摘自 2016 年 5 月国务院办公厅《关于深入推行科技特派员制度的若干意见》（国办发〔2016〕32 号）

明晰科研院所功能定位，增强在基础前沿和行业共性关键技术研发中的骨干引领作用。健全现代科研院所制度，形成符合创新规律、体现领域特色、实施分类管理的法人治理结构。围绕国家重大任务，有效整合优势科研资源，建设综合性、高水平的国际化科技创新基地，在若干优势领域形成一批具有鲜明特色的世界级科学研究中心。

——摘自 2016 年 5 月中共中央　国务院印发的《国家创新驱动发展战略纲要》

鼓励高校、科研院所建立一批专业化的技术转移机构和面向企业的技术服务网络，通过研发合作、技术转让、技术许可、作价投资等多种形式，实现科技成果市场价值。健全省市县三级科技成果转化工作网络，支持地方大力发展技术交易市场。

——摘自中共中央　国务院印发的《乡村振兴战略规划（2018—2022年)》

加强产学研深度融合。建立以企业为主体、市场为导向、产学研深度融合的技术创新体系，支持粤港澳企业、高校、科研院所共建高水平的协同创新平台，推动科技成果转化。

——摘自 2019 年 2 月《粤港澳大湾区发展规划纲要》

2016—2020 年中共广东省委、广东省人民政府落实中央 1 号文关于农业农村科技工作的内容摘要

建设高水平的农业科学院，鼓励省农科院与地方合作开办科研分院，开展农业科技创新与推广。

——摘自《中共广东省委　广东省人民政府关于落实发展新理念加快农业现代化率先实现全面小康目标的实施意见》（2016 年 6 月）

创新公益性农技推广服务方式，引入项目管理机制，推行政府购买服务，支持各类社会力量广泛参与农业科技推广。鼓励地方建立农科教产学研一体化农业技术推广联盟，支持高等学校涉农专业毕业生到乡镇从事农业技术推广服务，支持农技推广人员与家庭农场、农民合作社、龙头企业开展技术合作。

——摘自《中共广东省委　广东省人民政府关于深入推进农业供给侧结构性改革加快培育农业农村发展新动能的实施意见》（2017 年 3 月）

强化涉农院校、科研院所科技支撑作用，巩固推广省农科院"院地合作"模式，深入实施农村科技特派员和特聘农技员制度。

——摘自《中共广东省委　广东省人民政府关于加强乡村振兴重点工作决胜全面建成小康社会的实施意见》（2020 年 3 月）

2015 年以来中共广东省委、广东省人民政府有关农业科技推广与成果转化的政策摘要

依托高校、科研机构、龙头企业、农民专业合作社、农业园区等建设农业科技孵化器，打造农业关键技术及高新技术研发平台、农业科技企业孵化平台、科技人才创业平台、科技成果转化平台等。

深化基层农技推广体制改革，构建公益性与经营性相结合、专项服务与综合服务相协调的新型农业社会化经营体系，支持高校、科研院所与地方共建新农村发展研究院和农业综合服务示范基地，解决农技服务推广"最后一公里"问题。

——摘自 2016 年 10 月《广东省人民政府办公厅关于深入推进科技特派员制度的实施意见》（粤府办〔2016〕101 号）

鼓励有条件的高校和科研院所建立健全专业化、市场化的科技成果转移转化机构，推动科技成果与企业需求有效对接。支持企业与高校、科研院所联合建立科技成果转移转化机构，开展成果应用推广、标准制定，以及中试熟化与产业化开发等活动。实施科技成果转移转化服务奖励，鼓励科技成果转移服务机构开展技术转移服务活动。

高校、科研院所为科技成果转化开展的技术开发、技术咨询、技术服务、技术培训等横向合作活动的，净收入可按照高校、科研院所制定的科技成果转移转化奖励和收益分配办法对完成项目的科技人员给予奖励和报酬，其比例不得低于 60%。对科技人员承担横向科研项目与承担政府科技计划项目，在业绩考核中同等对待。

——摘自 2016 年 11 月《广东省人民政府办公厅关于进一步促进科技成果转移转化的实施意见》（粤府办〔2016〕118 号）

加快构建以农业技术推广成效为评价导向的考核机制，调动农业科研院校科研人员参与农技推广服务。鼓励和扶持高等院校涉农专业毕业生到乡镇从事农技推广服务工作，优化农技推广队伍。

——摘自《广东省实施乡村振兴战略规划》（2018—2022 年）

加大对高校、科研院所科研人员的绩效激励力度及收入分配倾斜，建立健全科技成果转化内部管理与奖励制度，探索完善绩效工资总量核定办法并建立动态调整机制，科技成果转化转让收益用于科研团队（个人）的激励部分、单位承担的各类财政资助科研项目的间接费用于科研人员的绩效支出部分暂不列入单位绩效工资总量调控管理，横向课题经费给予科技人员的报酬及结余经费可以全部奖励项目组，科技人员的报酬及项目结余经费奖励支出不纳入单位绩效工资总量管理。

———摘自 2018 年 8 月《广东省人民政府关于强化实施创新驱动发展战略进一步推进大众创业万众创新深入发展的实施意见》(粤府〔2018〕74 号)

支持我省高校、科研机构、企业在国际创新人才密集区和"一带一路"沿线国家设立离岸科技孵化基地或研发机构，集聚全球高端创新资源。

高校、科研机构开展技术开发、技术咨询、技术服务等活动取得的净收入视同科技成果转化收入，可留归自主使用。试点开展科技成果权属改革，高校、科研机构以市场委托方式取得的横向项目，可约定其成果权属归科技人员所有；对利用财政资金形成的新增职务科技成果，按照有利于提高成果转化效率的原则，高校、科研机构可与科技人员共同申请知识产权，赋予科技人员成果所有权。

———摘自 2018 年 12 月《关于进一步促进科技创新的若干政策措施》(粤府〔2019〕1 号)

深化农技推广体系改革，加强农业科技社会化服务体系建设，增加农业科技服务有效供给，创新农业科技成果转化交易和利益激励机制，加快农业科技成果转化。

———摘自 2019 年 12 月《关于推进现代农业高质量发展的指导意见》(粤乡振组〔2019〕21 号)

完善农业科技成果转移转化激励机制，鼓励高校、科研机构、涉农企业加强优良品种选育、技术装备研发，到农业生产一线建立农业试验示范基地，大力推广面向小农户的实用轻简型装备和技术。

———摘自 2020 年 3 月《关于促进小农户与现代农业发展有机衔接的实施意见》(粤乡振组〔2020〕5 号)

支持省农科院探索推广"院地合作"经验模式，构建"科技成果包"，工程化解决县镇共性问题，"点对点"组团解决企业和农户的产业问题。

——摘自 2020 年 4 月《广东省乡村振兴科技计划》

行动篇

立地擎天，勇于担当

院地合作推进乡村振兴印迹
(2018-2020)

2019.7
开展"不忘初心、牢记使命"
主题教育工作调研
省农科院科技服务工作机
制日臻完善

2019.10
纪念科技特
省农科院成
国家科技部

2018.12.29
全国乡村振兴科技
支撑行动工作部署会议
经验交流：为广东乡村振
兴提供科技支撑

2018.1.15
全院分院工作会议
坚定不移推进院地合作

全省乡村振兴科技创新行动
暨农村科技特派员推进会
经验交流：全力造就农村科技
特派员

2018.8.1

《全省现代农业产业园
建设工作简报》
省农科院服务现代农业产业园
建设经验模式刊发

2019.3.25

广东省2018年度推进
乡村振兴战略实绩考核
省农科院综合评价荣获
最高等次"好"，排名
省直事业单位第一名

2019.8

2020.7.10

《广东省实施乡村振兴战略工作简报》
省农科院"院地合作"模式成效刊发

2020.6.1

《广东脱贫攻坚工作动态》
省农科院帮扶湛江市洪排村脱贫
攻坚经验成效刊发

派员工作20周年
为全省唯一受到
通报表扬的单位

《广东科技杂志》
省农科院农村科技特派员工作
经验成效刊发——"广东省农业
科学院：人才下沉　科技下乡
引领农业农村高质量发展"为题

2020.3.20

广东省2019年度推进乡村
振兴战略实绩考核
省农科院综合评价荣获"优秀"，
蝉联省直事业单位第一名

2020.7

《省农科院服务"三农"的经验与启示》
省社科联总结

2020.10

服务三农

省农业科学院

中共广东省委常委叶贞琴给农民派发省农科院蔬菜种子

中共广东省委常委叶贞琴考察省农科院茶叶试验基地

时任广东省副省长邓海光考察省农科院标准化饲料添加剂生产车间

广东省农科院院长陆华忠参加省农科院院地合作会议

中共广东省农科院党委书记廖森泰考察蔬菜新品种展示基地

农民欢喜满载省农科院扶贫帮扶的肥料

顶层设计，不断完善院地合作工作机制

坚定不移推进院地合作

开展农业技术推广服务是法律赋予农业科研部门的重要职责，院地合作是我们开展农业技术推广服务的重要途径，分院（含促进中心、新型研发机构、专家工作站等，以下简称分院）建设是院地合作的重要载体。省农科院开展分院建设两年来，有喜也有忧。喜的是经过大家的共同努力，取得了良好成效；忧的是尚有不少问题需要我们进一步重视和改进。这次会议的目的就是在总结分院建设工作的基础上，再一次动员、进一步部署做好分院建设工作，主题就是坚定不移推进院地合作。

一、正确看待分院建设成效，增强推进院地合作信心

（一）省农科院在全省"三农"工作中的影响力得以彰显

分院工作得到各级党委、政府、部门和农业经营主体的重视和认可。佛山、梅州市政府在与省农科院共建分院取得的工作成效基础上，进一步提升合作层次，与省农科院共建农业科技示范市和乡村振兴科技合作示范市；河源分院组织力量为灯塔盆地国家现代农业示范区建设提供技术支撑；湛江分院全面帮助提升了湛江市农科院的科技力量和水平；韶关分院为落叶果树产业带发展提供全程规划与技术支撑；茂名分院全力支撑农产品加工产业发展；江门促进中心全力支撑灾后复产、帮助解决面上生产问题和指导农业企业提质增效；惠州促进中心为全市冬种作物种植提供技术指导与规划，惠州市编办同意惠州促进中心为事业法人单位、惠州市财政预算安排促进中心2018年工作经费120万元；河源分院和东源促进中心、江门促进中心和院专家服务团分别成功协助东源县、恩平市获得首批国家农业可持续发展试验示范区（以县为单位，全省2个，全国40个）；此外，清远市政府将于2018

年1月17日与省农科院签订合作协议共建清远分院。市、县党政领导和农业、科技部门到省农科院联系商洽工作的多了，企业到省农科院寻求合作的多了。分院工作先后在中国新闻网、南方日报、南方农村报、南方杂志、香港媒体、广东电视台、搜狐网、各地方政府网站、南方＋等媒体广泛宣传，取得了良好的社会反响。省农科院社会地位和在全省"三农"工作中的影响力得到彰显和提升。

（二）一批生产难题得到解决

分院与地方农业部门、企业联合申报并获批立项项目131个，立项经费9 483.85万元，参与组建了14个产业联盟，通过项目带动，依托院属单位为佛山健康优质蔬菜生产、河源蓝莓保鲜加工、梅州优质稻和安全高效茶叶种植生产、韶关落叶果树生产、湛江优质特色农产品生产、茂名家禽健康绿色养殖、惠州优质马铃薯生产、江门优质水稻生产、新会陈皮产业等解决了一批技术难题。东源促进中心在帮助处理东源县2017年11月发生的病牛疫情方面反应迅速、处理及时，控制了疫情的大面积暴发和流行，消除了民众恐慌，受到了当地各级党政的充分肯定和高度赞扬。

（三）一批技术和品种得以落地

分院通过开展院企对接会、技术培训班、技术需求调研等多种形式宣传推广科技成果635个（次）。据不完全统计，通过分院工作，院所累计获得委托研究51项，技术服务54项，技术入股4项，成果转化9项。通过项目合作和推广宣传工作，带动一批技术和品种落地。

（四）一批科技人员和农业从业者的素质得以提升

1. 锻炼了省农科院科技人员和管理人员。 院共派驻办公室主任11人，驻点工作人员69人，通过分院工作的锻炼，增强了对农业农村农民工作的理解、对农业实际需求的了解，提升了解决实际问题的综合能力和处理人际关系的协调能力，提高了开展农业技术推广的能力和技巧水平。

2. 为地方政府和企业培训了各类人才。 分院累计开展各类培训班127场，培训技术人员和农户10 970人，人员互访交流134次，互访技术人员1 305人。提高了区域技术服务推广能力，增强了科技对现代农业生产和"三农"工作的支撑能力。

二、着眼全局和长远，坚定不移推进院地合作

（一）要提高认识，形成合力

开展分院建设，推进院地合作，这是省委省政府对省农科院的要求，是院领导班子集体决策的全局工作部署，是院各单位协调联动加以贯彻落实的重要工作，必须坚定不移往前推进。党的十九大提出要培养造就"懂农业、爱农村、爱农民"的"三农"工作队伍，当前省农科院能够适应院地合作要求的"懂农业、会接活、敢接活"的人才还不够，我们就是要在院地合作中锤炼我们的队伍。院属各单位、机关各部门要从院整体利益和长远发展出发，在思想上进一步统一认识，在行动上进一步统一协调，上下共同努力，把分院做实做强。

（二）要协调联动，主动工作

在院领导班子层面，要及时了解和研究分院建设存在的具体问题，在院地合作的顶层设计上科学改进，在机制上进一步完善。院领导以上率下，组织推动落实。要适时总结、推广佛山分院和惠州促进中心的经验。

在院属单位和院机关层面，要全力支持和配合分院建设，及时选派合适驻点工作人员，支持驻点工作人员安心开展驻点工作。

在驻点办公室主任和工作人员层面，要着眼于综合工作能力的锻炼，摆正位置，转变角色，主动工作。有几点需要明确：

1. 工作身份：省农科院科技代表。 在驻点期间的角色首先是省农科院的科技代表，而不是哪个研究所或者研究室的科技人员。

2. 工作区域：驻在地全市。 是为全市的农业科技工作服务，不能局限或只服务于驻点单位。

3. 工作目标："得名、得利"。"名"就是使院的科技工作、驻点工作人员自身工作得到地方党政部门、农业经营主体的认可；"利"就是拓展院所合作机会，驻点人员自身得到锻炼，政府和企业技术需求得到解决。

4. 工作方法："走出去，找事干"。 最低要求：熟悉自己所在单位的专业在当地市的行业情况、科技情况、合作情况，全面熟悉至少两家与自己所在单位专业相关的企业，尽快使自己的科技成果在当地落地。

5. 工作原则："三个有利于"。 凡是有利于提升院社会地位和影响力的

事情、凡是有利于院科技成果转化推广和与地方企业合作的事情、凡是有利于院科研项目立项和推动当地现代农业发展的事情都可以主动去做。

（三）要突出重点，务求实效

分院建设，要在当地党政领导和农业部门的领导、支持下开展，在合作和服务的对象上，突出以企业为主。

1. 科技帮扶企业，助推产业兴旺。每个分院和促进中心根据地方特点和需求，选取2～3个优势产业，与有需求、有合作意愿的企业加强合作，重点攻关，做出亮点和成效。①重点帮扶龙头企业。②支持专业合作社发展。③孵化中小微企业。通过成果转让、成立新型研发机构、专家进驻等多种形式、多个层次帮助企业和专业合作社做大做强；以开展技术对接服务、联合申报项目、委托研究等多种形式开展科技孵化。总的一条，就是要拓宽合作渠道，为当地农业产业化提供服务，为省农科院争取更大的发展利益和空间。省农科院将改革科技服务专家团的组织形式，在专家团中组成30个能服务全产业链的产业专家团队，根据分院、促进中心不同需求赴当地承担院地合作项目，全面推动科技合作。

2. 服务地方政府，助力乡村振兴。服务地方政府、配合地方政府工作是分院一项重要工作任务，要加强与地方农业、科技主管部门的沟通协调，切实解决地方政府需求，帮助政府和企业提高农技人员科技水平，发挥地方力量，共同做好科技服务工作，助力实施乡村振兴战略。省农科院在适当时候向全省市、县农科所（农技推广中心）各派一名联系首席专家。

3. 改善集成推广，推动科技创新。突破传统研究所限制，充分发挥院科技服务专家团作用，适应产业发展需要，打造从品种到种养、加工、品牌建设等全产业链提供科技支撑服务的研究团队，建立示范基地，增强技术辐射应用，提升省农科院核心竞争力。面向生产开展科研，通过科研成果与生产相结合，调整科研方向，推动开展科技创新工作。

（摘自广东省农业科学院院长陆华忠在全院分院（促进中心）工作会议上的讲话，2018年1月15日）

进一步完善科技服务工作机制

通过主题教育检视问题、查找差距，完善科技服务工作机制，将服务"三农"工作与科技创新有机结合，扎实做好院地合作工作，继续推进科技支撑现代农业产业园建设，继续推进农业科技成果转化，培育打造专门推广人才队伍，总结凝练形成可复制、推广的理论和经验，进一步提升省农科院服务"三农"工作水平。

1. 切实提高政治站位。一是突出政治标准，强化"四个意识"，坚定"四个自信"，坚决"两个维护"，加强政治担当，满怀激情投入工作。二是增强全局观念，正确处理好个人意愿与组织要求的关系，坚决服从组织安排。三是振奋工作精神，积极主动投入到服务"三农"工作的主战场中。四是增强合作意识，团结协作，有机整合，形成服务"三农"的"组合拳"。

2. 认真提高个人本领。树立"自己不强大，人家瞧不起"的危机意识，强化能力锤炼，促使干部职工努力提升学习能力、思维能力、沟通能力、创新能力、决策能力、抗压能力、危机处理能力、团队管理能力和团队合作能力，在实践中不断增长干事业的本领。

3. 扎实推进科技服务。加强与政府的合作，搭建服务"三农"的工作平台，做强做实平台，加强与企业的合作，强力支撑产业发展。以对接服务现代农业产业园、"一村一品、一镇一业"等为切入点，围绕地方农业主导产业发展，加大力度开展科技服务，认真、真诚、有效开展工作，坚持出成效、出亮点、出经验。

4. 大力推动人才下乡。统筹安排鼓励科技人才进入到"三农"工作的最前线，通过产业园服务团队、分院驻点、特派员、科技进千村行动计划等，按产业需要派出科技人员驻企业、驻市县农科所、驻地方。发扬"以老带新、传帮带"传统，充分发挥项目引导作用，对新入职的年轻科技人员进行院史、院文化的教育，开展科技服务"三农"综合能力的培养，加速将年轻科技人员培养成为广东省服务"三农"的主力军，着力提升省农科院服务"三农"水平。

5. 深入推进协同创新。 继续坚持以服务"三农"为己任，强化顶层设计，用好各项政策资源，积极调动地方农业科技力量，以地方分院平台为基础，不断夯实完善院地企协同创新机制，形成省市县协同创新合力，发挥省农科院全产业链科技服务专家团作用，带领地方农业科技人员，围绕新品种、新技术、新产品、市场营销、品牌打造等方面技术问题开展合力攻关推广，全力推进协同创新科技体系建设，提升推广成效。

6. 提升地方人才水平。 一是以产业园建设为载体，通过"请进来、走出去"形式，为地方农技人员、企业管理和科技骨干等分门别类开展培训指导；二是组织有需要的地方农科所、推广中心等单位科技人员来院进行为期3~6个月不等的集中跟班学习；三是针对汕尾、茂名等地提出人才尤其是博士招聘困难问题，创新形式，以"使用地方编制、省农科院兜底"的形式，共同招聘博士、硕士，吸引人才前往地方、留在地方。

7. 努力改进宣传工作。 把握全院和各所的工作重点，找准新闻眼，做好宣传策划和包装，主动宣传、大胆宣传，让社会各界能够了解省农科院，支持省农科院，做到让社会"知你、认你、选你"。

（摘自广东省农业科学院"不忘初心、牢记使命"主题教育工作调研报告，2019年7月）

砥砺奋进，全力推进院地合作落地见效

为广东乡村振兴提供坚实的科技支撑

2018年10月，习近平总书记在广东视察时，作出了深化改革开放、推动高质量发展、提高发展平衡性和协调性的重要指示。这次大会，对于探索科技支撑乡村振兴新途径、新方法，提升广东科技支撑现代农业高质量发展，解决发展平衡性和协调性问题的能力，具有重要意义。近年来，省农科院坚持以科技创新为核心，以产业支持为出发点，着力打造以地方分院为支点、企业为平台、专家服务团为纽带、现代农业产业园为抓手的院地企联动的科技支撑体系。三年来，省农科院建设了13个农科院地方分院，20个专家工作站，组建31个全产业链现代农业产业专家服务团队，建成农业科技成果转化服务平台和科技企业孵化器，引进70多家农业龙头企业进驻农科院，转让科技成果近300项，取得了科技创新能力、产业支撑水平双提升的成效。

一、做强科技主业，提升科技创新能力

科技创新是科技支撑乡村振兴的源头。作为省级农业科研机构，我们始终坚持以科技创新为立院之本，将围绕地方产业需求开展科技创新作为省农科院的工作核心。近三年，我们将学科团队和人才队伍建设作为工作重点，每年投入资金近3 000万元，实施金颖人才计划，设立"金颖之光"、"金颖之星"、青年研究员、优秀博士等人才项目；实施科研团队建设计划，遴选支持攀峰团队、优势团队、特色团队、培育团队和新兴团队。这些计划的实施，增强了对人才的吸引力，省农科院近三年新吸收博士近300人，博士占科技人员比例达到42%。这些计划的实施，也有效地提升了创新能力，增加了科技产出，为乡村振兴提供了更强有力的科技支撑。2018年，省农科院获得国家基金项目42项，首次进入农业科学ESI前1%科研院所行列，首次主持1项国家重大科技专项，"畜禽育种国家重点实验室"通过验收。

近三年完成了广东省现代农业发展"十三五"规划编制，获各级科技奖励 145 项，通过各级审定或登记品种 236 个，获得植物新品种权 66 个，入选广东省农业主导品种和主推技术占全省的 65% 以上。

二、做实科技支撑，提升乡村振兴服务水平

乡村振兴，产业兴旺是重点，产业兴旺关键靠科技。我们始终坚持科技创新、服务"三农"的办院宗旨，将服务广东现代农业发展，科技支撑乡村振兴作为省农科院的重点工作。省农科院科技支撑乡村振兴的主要做法是：

（一）建设省农科院地方分院、专家工作站，构建院地企联动的科技支撑体系

城乡协调与区域发展不平衡是广东的最大短板，地方农业科技发展同样是严重的不平衡。为加强基层科技力量，提升科技对农业产业的辐射带动作用，我们积极与地方政府共建省农科院地方分院，联合开展科技攻关、成果转化、人才培养、服务产业、科企对接等实实在在的合作。三年来，已与 13 个地级市共建 13 个分院和现代农业促进中心，20 个专家工作站。省农科院每年投入共建资金 1 000 多万元，派出 59 人到地方驻点。

2018 年，与地方联合申报各类项目 98 项，获批 65 项，总项目经费超 1.3 亿元。与地方联合申报各类科技成果和知识产权 20 项，获批 17 项。新增合作企业数量 517 家，在 19 家企业新建研发机构。举办科技下乡活动 77 场，吸引 1 276 个次企业参加，参加人数达 3 万多人次。培训地方农技人员 3 826 人次，企业科技人员 5 132 人次。开展技术需求调研，形成调研报告 46 份，被地方采纳 19 份。同时取得与企业合作项目 14 个，地方政府委托研究项目 68 个，并推动了成果转化与技术入股的工作。

分院已成为省农科院对接服务地方政府，科技支撑产业发展的坚实支点。

（二）组建专家服务团队，提供全产业链科技服务

当前，农业专业化、信息化、产业化发展程度越来越高，在国家与省启动了现代农业产业园工作后，一二三产业融合发展越来越紧密，农业产业发展越来越需要全产业链的科技支撑。因此，省农科院及时调整科技服务工作思路，整合全院科技资源，着力打造全产业链专家服务团队。2017 年底，成立了 31 个产业领域的专家服务团队，每个团队配备产前、产中、产后一

批专家，为产业发展提供咨询规划、良种良法、加工保鲜物流、质量标准与品质监测、农业信息化和品牌打造等全产业链的科技服务。

在广东启动的丝苗米产业联盟、茶产业联盟、花卉种业产业联盟、荔枝产业联盟和马铃薯主食化产业联盟等工作中，省农科院专家服务团队作为联盟的科技主力军，先后为罗定大米、翁源兰花、英德红茶、梅州蜜柚、德庆柑橘、潮州单丛茶、化州橘红、新会陈皮等提供技术支撑。

（三）创新"一园一团"，对接产业园建设

2018年以来，广东省开展现代农业产业园建设工作，并将其作为广东实施乡村振兴战略的重要抓手。产业园建设工作成为省农科院科技对接政府和企业的重要机遇，2018年，省农科院在31个现代农业产业专家服务团队的基础上，根据产业园建设的科技需求，针对每个产业园组建相应的服务团队，实行"一园一团一策"，对产业园实施主体重点是入园企业提供全产业链的科技支撑。在已经批准建设的50个产业园中，有44个选择省农科院作为科技支撑单位。

同时，创新产业园建设方式，省农科院以科技支撑主体作为第二责任主体与地方政府联合申报2019年现代农业产业园，已与13个创建园区签订共建协议。

（四）密切院企合作，支持企业技术创新

当前的农业经营主体正在转变为以企业主体来带动千家万户的小农户，促进小农户与现代农业有机衔接。但是广东的农业企业发展水平还落后于其他产业和国内先进地区，农业企业创新能力普遍较弱。为了帮助企业提升创新水平，省农科院于2016年举办了有500家企业1000多名代表参加的科企对接会等系列活动，三年来连续举行15场大型科企对接会，参加企业连年增加，科技合作成效逐步体现。

同时省农科院充分发挥广东省农业科技成果转化平台，并成立了农业科技孵化器公司，通过线上线下服务，已吸引70多家涉农企业进驻省农科院创新大楼。同时，以技术、资金入股企业，与企业共建新型研发机构，帮助企业提升创新能力，逐步打造出"科技＋企业＋资本"的轻资产农业科技服务体系。

（五）聚焦人才培育，提供人才支撑

乡村振兴，根本在人才。省农科院除了常年派驻分院驻点人员，派出专家服务团队，还有231位科技特派员和177位非特派员对接贫困村和贫困户，科技人员越来越忙于上山下乡。同时，积极为乡村振兴培养人才，2018

年面向农业企业、农民合作社和基层农科人员，举办农业新型经营主体创新创业培训，培训班数达 488 个，培训人次达 37 316 人。

三、科技支撑乡村振兴的效果

依托科技创新做实科技支撑，助推了农业产业和企业发展，也提升了农科院自身的科技创新能力和社会影响力。

一是实实在在地解决产业发展的问题。通过分院建设，省农科院科技人员下接"地气"，通过共建平台可以深入进行科技需求调研，及时掌握产业发展的技术需求和技术瓶颈问题，以问题为导向，调整研究方向，组织研究团队，攻坚克难，把研究推向产业。地方农科机构上接"天线"，地方分院不断把省农科院的科技资源传导到地市，激活了基层农科机构，让基层的科技工作水平和产业服务能力得到有效提升。

二是有效提升了企业技术创新水平。近 3 年来，省农科院与涉农企业签订合作协议超过 500 份、技术服务合同超过 160 份，向企业转让科技成果超过近 300 项，共建新型研发机构 19 家，帮扶 13 家企业获得龙头企业资质，助力 7 家合作企业挂牌上市。省农科院真心实意帮企业的行动受到了企业的广泛关注，在最近举办的涉外农业企业走进农科院的对接活动中，35 家企业踊跃参与，并有 28 家与省农科院达成合作意向。

三是有力地促进了省农科院科技创新。深化院地企合作，科技人员对农村和产业发展实际的了解更多了，科研选题更有针对性。院企合作加深了，来自企业的横向项目多了，科研项目的来源更广了，2018 年来自院地合作取得各类经费超 3 800 万元。成果转化更多了，获得效益增加了，科技人员积极性更高了。省农科院科技支撑乡村振兴工作也得到了政府和社会的高度认可，地方政府纷纷要求与省农科院结对子攀亲戚，省农科院 2018 年以来已与地方政府签订科技合作协议 70 多份。地方分院建设、院企合作与农科院自身科技创新已经相辅相成，逐渐形成良性循环。

（摘自广东省农业科学院在全国乡村振兴科技支撑行动工作部署会议上的交流材料，2018 年 12 月 29 日）

积极投身广东乡村振兴主战场创佳绩

2018 年，省农科院认真贯彻落实《中共广东省委 广东省人民政府关于推进乡村振兴战略的实施意见》（粤发〔2018〕16 号），对标任务，自加压力，举全院之力认真负责地落实编制全省乡村振兴战略规划等六大工作任务，得到省委、省政府领导的充分肯定。在广东省 2018 年乡村振兴实绩考核中，省农科院综合评价获评最高等次"好"，在省直事业单位中排名第一。

一、主动申请增加工作任务，积极融入乡村振兴主战场

在全省实施乡村振兴战略推进会上，省农科院紧紧围绕省委、省政府的工作部署，以积极融入、高度负责的态度，主动申请将工作任务由原来的 2 项（科技人才下乡和科技支撑现代农业产业园建设）增加到 6 项（协助制定全省乡村振兴战略规划、科技支撑特色优势产业发展、科技支撑现代农业产业园建设、强化农业科技创新引领、协助推进连线连片乡村旅游和全面推进科技人才下乡），得到叶贞琴等省领导的表扬和同意。随后举全院之力在全省推进乡村振兴战略的主战场上认真落实工作并取得良好成效。

二、加强组织领导，落实工作责任

省农科院党政领导班子高度重视推进乡村振兴战略工作，院长、院党委书记亲自研究并推动，成立领导小组、建立工作机制，全院上下认识和行动高度统一。2018 年 6 月 12 日，成立"广东省农业科学院科技支撑乡村振兴战略实施工作领导小组"，由院长陆华忠、党委书记廖森泰担任组长，院领导班子其他成员任副组长，院属各单位、各部门主要负责人为成员。指定何秀古副院长主管此项工作，院科技合作部作为领导小组办公室具体组织，院各单位、部门和地方分院、促进中心联合行动，院科技合作部主任和地方分院、促进中心办公室主任负责督促检查。

三、制定配套政策，稳步推进实施

一是制定行动计划。院长陆华忠主持召开"科技支撑乡村振兴大家谈"启动会，在全院开展"科技支撑乡村振兴大家谈"，随后制定出台了省农科院推进乡村振兴战略主文件《广东省农业科学院乡村振兴科技支撑行动计划（2018—2022 年）》，实施规划引领行动、科技创新引领行动、农业产业提质增效科技支撑行动、现代农业园区建设科技支撑行动、农业污染防治科技支撑行动、科技成果转化与应用行动、全产业链科技专家深化服务行动、"领头雁"农业产业带头人专业技术培训行动等 8 项行动计划。

二是创新工作举措。院长陆华忠、党委书记廖森泰主持"提升科技创新能力、增强产业支撑水平"论坛，由院领导和院属单位主要负责同志分别以"改革创新促发展，科技支撑乡村振兴"为主题作报告，总结经验，直面问题，汇众智，集群力，进一步理清了工作思路，统一了思想和行动。制定出台了《广东省农业科学院科技支撑乡村振兴十大举措》、《广东省农业科学院对接省现代农业产业园建设工作方案》、《广东省农业科学院关于深化院企合作的意见》等子文件，同时制定激励政策，将相关工作列入年度工作考核主要内容。

三是加强指导服务。协助省发展改革委编制了《广东省乡村振兴战略规划（2018—2022 年）》（以下简称《规划》），经省委、省政府批准后以省委、省政府文件印发实施。派出专家团队到地方讲解《规划》的主要内涵、实施要点和工作建议，指导地方更好地实施。配合省旅游主管部门制定了《广东省乡村旅游规划》，协助江门、东莞、汕尾等地编制当地乡村振兴战略规划，从源头上引领工作开展。与佛山、梅州、茂名等市紧密合作支撑乡村振兴，组织 44 个专家团队对接服务全省 44 个现代农业产业园，派出 408 名科技特派员服务贫困村产业发展工作。

四、迅速开展行动，逐一抓好落实

根据省委、省政府文件精神，院长陆华忠、党委书记廖森泰主持召开专题会议进行部署，梳理任务、列出清单、明确责任、整合力量、统筹推进、强化监督，按时高质量完成了涉及省农科院的各项重点工作任务。

（一）高质量协助制定了全省乡村振兴战略规划

由省发展改革委牵头、省农科院组成了以院农业经济与农村发展研究所规划团队为主、专业研究所专家参与的规划编制工作团队，深入开展调研，就规划的基本定位、总体思路、框架内容等多次听取领导、专家、基层干部群众的意见，多角度、全方位研究，高质量地完成了《规划》编写工作。2019年1月，省委省政府正式下发了《规划》。有关专家团队加强与各地的对接，做好讲解、建议和科技服务工作，为江门、东莞、汕尾等地方编制地方规划。同时配合省旅游主管部门编制了《广东省乡村旅游规划》。

（二）以科技支撑特色优势产业发展取得良好成效

进一步创新体制机制，立足广东特色优势产业，以构建现代农业产业体系为目标，整合全院技术力量，组建全产业链专家服务团队，逐步建立示范基地，着力为提升农业特色优势产业发展质量提供全产业链技术支撑。一是对水稻、蔬菜、岭南水果、畜禽、茶叶、花卉等优势特色农产品开展优良品种、绿色生产技术、采后保鲜、冷链物流、大数据分析、物联网及电商等技术集成与示范应用。二是对岭南水果、蔬菜、茶叶、蚕桑等大宗特色农产品开展精深加工、质量安全控制、规模化生产工艺及配套装备等技术集成与示范推广。三是将花卉、蚕桑、彩色水稻、特色蔬菜等有机融入农业公园、田园综合体、乡村旅游等领域，拓展产业功能，提升价值链。

（三）积极为现代农业产业园建设提供坚强的科技支撑

把对接服务现代农业产业园建设作为全院一项重点工作任务抓紧抓实。积极承担产业园建设项目可行性研究和规划编制，共为48个县编制了产业园规划，其中有11个在2018年获批为省级现代农业产业园。以"一园一平台，一园一团队，专家进企业"的形式为产业园派出全产业链科技服务专家团队，为全省50个产业园中的44个产业园提供了科技支撑。创新科技支撑合作形式，以"双责任主体"形式与地方政府联合申报2019年省级现代农业产业园，省农科院作为科技支撑责任主体，承担产业园科技支撑工作。

（四）潜心科学技术研究，强化了农业科技创新引领

省农科院持续潜心科研，在农业科技创新、成果转化应用、科技推广服务等方面攻坚发力,效果显著,为科技支撑乡村振兴打下坚实基础。

一是进一步增强了农业科技自主创新能力。 全年科技项目合同经费3.895 8亿元,到位经费比2017年增长15.26%;横向科研项目经费大幅提升,从1 500万元增加到3 838万元;立项国家自然科学基金42项,创历史新高;获得国家重点研发计划项目1项;农学学科进入世界ESI前1%;获得各级科技成果奖励56项,包括中国专利奖银奖1项,广东专利奖优秀奖1项,省科学技术奖一等奖2项、二等奖3项。通过各级审定、鉴定、登记品种144个,获植物新品种权授权28个,有53个品种、30项技术入选2018年广东省农业主导品种和主推技术,分别占全省农业主导品种的67.9%、主推技术的71.4%。

二是加快了科技成果转化孵化。 新签科技成果转让合同132项、技术入股合同5项。成立了广东金颖农业科技孵化有限公司,并被评为广州市科技企业孵化器,获评为科技部"国家级星创天地"。吸引80余家农业企业入驻省农科院科技创新成果转化平台,全年与企业签订合作协议129项,与企业共同申请承担项目42项、共建研发机构21个、共建示范基地62个。

三是全面搭建起院地企联动的科技支撑体系。 与地级市政府紧密合作共建,新设立清远分院、汕尾分院和潮州现代农业促进中心。截至2018年底,省农科院在全省共建了8个地方分院、4个促进中心。全年下达地方分院共建项目、推广项目等101个,总经费1 284万元。与地方政府签订科技合作协议70多份。充分发挥科技引擎作用,院地企联动体系切实为地方政府和企业解决了一批技术难题,分院建设工作得到省政府充分肯定和地方政府、企业的高度认可。

四是为地方政府量身定做技术支撑方案。 与佛山市政府共建科技合作示范市,实施"一十百千万"工程,组建10个专家团队累计为30多家企业提供了技术服务;与梅州市政府共建乡村振兴农业科技合作示范市,重点在金柚(含脐橙)、茶叶、水稻、蔬菜、畜牧水产等五大产业开展科技研究,累计为80余家企业提供了科技服务,新建国家农业面源污染控制点长期监测试验基地等18个示范基地;应清远市政府邀请,安排三批科技服务团成员深入对接服务英德市连樟村,为连樟村乡村振兴出谋献策,全力打造科技示范乡村。

（五）集中智慧协助推进连线连片乡村旅游取得好成效

新设立创意农业研究团队，集中研究推进乡村旅游发展、促进一二三产业融合的基础理论、实用技术和促进政策；派出专家为河源市源城区美丽乡村连片示范区、英德西牛镇乡村旅游区、佛山南海九江旅游小镇、罗定白庙旅游区、阳春生态旅游、南雄新农村示范区等提供农旅结合发展规划和技术指导等服务；为乐昌市首届生态农业博览会和庆祝首届中国农民丰收节活动广东省分会场、韶关市主会场提供设计、实施技术服务，成功打造出乐昌市和村旅游新基地。

（六）全面推进科技人才下乡，服务"三农"工作取得优异成绩

制定出台职务晋升、职称评聘的激励措施，打造专门的科技推广服务团队，引导科技人员踊跃下基层为乡村振兴服务。一是派出科技人员长期驻点地方工作，全年向地方分院、促进中心、特色研究机构、专家工作站派出驻点人员 59 人，每人至少驻点工作半年。二是组织科技服务专家团队下乡服务，组建 280 人的院科技专家服务团，专门从事科技下乡、科技推广、救灾复产、服务企业等各项科技活动。全年派出专家超过 2 300 人次，培训农民超过 5 万人次。三是推动科技特派员帮扶贫困村，派出 408 名科技特派员直接服务 236 个省定贫困村，为 2 500 名以上贫困户提供了科技帮扶服务。

（七）紧抓产业扶贫重点环节，彰显科技效应

充分发挥科技优势，重点为多个省直单位产业扶贫工作提供技术支撑。省农科院对口帮扶雷州市企水镇洪排村，重点推动以科技发展产业经济，产业项目发展良好，其中优质胡须鸡林下集中养殖为贫困户分红 21 万多元；青枣种植合作社产品果优价高，供不应求；全村 64 户贫困户 228 人全部实现预脱贫。

五、强化日常监管，确保工作成效

（一）发挥考核指挥棒作用，强化对院属单位的监督管理

采取过程管理与单位绩效考核相结合方式，强化对院属单位、机关责任部门的日常督促和监管。一是制定系统、科学的考核指标体系，对院属单位

开展科技创新、服务"三农"等四大考评,将乡村振兴工作任务列入考核指标体系。二是完善考核评价机制,将人员下乡到基层的工作经历作为职称评聘、职务晋升的必要条件,对工作业绩突出的人员给予奖励。三是多次召开推进会和培训会,部署推进和落实乡村振兴相关工作部署,及时协调解决推进过程中出现的问题。四是充分发挥地方分院平台作用,动员分院驻点人员与地方政府部门加强沟通协调,每月召开分院办公室主任工作例会,研判地方实施乡村振兴战略的技术需求,及时组织专家开展对接服务。

（二）及时发现问题，迅速整改落实

强化全院科技人员支撑乡村振兴工作的主动意识和责任意识,及时发现问题、及时整改落实。一是在地方分院驻点工作和科技支撑现代农业产业园建设中,对主动性不强、工作推进慢、服务效果差的科技人员进行调整,共调整了1名分院办公室主任和2名产业园专家团队领队。二是对审计中发现的1个分院的建设经费存在使用不合理问题,责令分院办公室主任按专项资金使用要求及时整改。三是根据地方的科技需求做到量身定做,全力对接和服务。

（摘自广东省农业科学院关于 2018 年度推进乡村振兴战略工作情况报告，2019 年 3 月 18 日）

一园一平台、专家进企业

——省农科院服务现代农业产业园经验模式

省农科院认真贯彻落实中央和省委省政府的决策部署，充分利用科技人才和成果优势，把科技支撑现代农业产业园建设作为推进实施乡村振兴战略的重要抓手，采取"一园一平台，专家进企业"措施，全力打造产业园建设科技支撑的主力军，取得明显成效。2018年，累计与地方签订产业园科技合作框架协议80份，承担产业园规划研究设计48项，与44个省级现代农业产业园建立了紧密的科技合作关系，开展科研攻关22项，品种引进30个，集成技术推广79项，科技成果转化4项，人才科技培训826人次，得到产业园地方政府和建设主体的高度认可。

一、建"制"励人，为全力支撑产业园建设奠定组织基础

进一步创新工作机制，立足产业园特色优势产业，以构建现代农业产业体系为目标，系统整合全院人才、技术、成果、平台等科技资源优势，将科技支撑产业园建设作为全院科技支撑乡村振兴十大举措之要，研究出台了《对接省现代农业产业园建设工作方案》、《关于深化院企合作的意见》、《科技对接现代农业产业园考核指标》等文件，将相关工作列入绩效考核，制定激励措施，充分调动科技人员的积极性，率先组建起全产业链专家服务团队，发挥组织优势，将产业园作为科技工作平台，积极对接并认真进行科技服务。充分发挥地方分院紧密联系政府、企业的优势，摸清产业园建设的科技需求，实行"一园一平台，一园一团队，专家进企业"的工作模式，同时，由地方分院对专家团队的工作进行督促检查。

二、以"全"务园，全力助推产业园科技水平提升

组建服务全产业链条的专家团队44个，每个团队由正高级职称人员担

任领队，配备产前、产中、产后的专家，每位专家都有明确的项目任务，按项目任务书的要求为产业园提供咨询规划、良种良法、加工物流、品牌打造、信息化建设、科技研发和人才培训等"保姆式"的科技服务。根据产业园科技项目需要和企业要求，可适时更换领队和专家，以开放的理念吸纳其他单位的专家共同参与。充分发挥学科齐全、人才聚集、成果接地气和建设国家科技园区经验的优势，与产业园责任主体或实施主体共建科技研发中心和科技孵化平台，先后建成或完善新会陈皮研究院、广东农科海纳农业研究院、省农科院德庆柑橘研究所、热带亚热带花卉产业园技术研发中心、省农科院和利农蔬菜研究院、西江南药研究所和省农科院专家翁源、乐昌、郁南、恩平等工作站以及园区科技平台，实现省级专家团队与园区科技队伍深度结合、资源共享、技术开发合作到位，形成产业发展、成果共享与技术提升等多赢的合作新模式。

三、用"心"为园，全力提高科技支撑服务质量

专家团队进园以后，以不分你我的姿态全心全力为产业园服务，按照产业园建设的要求实时提供技术支撑。专家团队成员经常深入企业了解情况、指导工作、解决技术问题；专家团队不定时集中研究工作、提出技术解决方案，定时向产业园责任主任和实施主体报告科技工作进展情况，听取意见。在共建平台的基础上，专家团队按照园区企业的技术要求，2018年共派出59名专家驻点产业园，直接参与科技服务、推广转化工作，并及时把产业发展的技术瓶颈问题反馈到省农科院的研究核心部门，为产业园提供可靠的科技解决方案，实现产业发展与技术无缝对接。如在惠州市惠城区丝苗米产业园，有黄庆研究员的团队驻点海纳研究院，全产业链服务产业园丝苗米产业的发展；在翁源县兰花产业园，有吕复兵研究员的团队驻点专家工作站，面向生产开展科研攻关、品种引进，集成技术推广、科技成果转化、人才培养、科技培训等工作，促进翁源兰花产业进一步发展壮大。

（摘自《全省现代农业产业园建设工作简报》第22期，2019年3月25日）

全力造就高素质的农村科技特派员

省农科院是广东省农业科技创新和服务"三农"的主力军，为全省现代农业发展作出了重要贡献。按照省委、省政府的部署和省科技厅关于特派员工作的具体要求，省农科院着重在源头培养、作用发挥、机制保障等方面认认真真、扎扎实实做好农村科技特派员工作，使科技特派员真正成为活跃在全省农村的科技推广生力军，为脱贫攻坚、乡村振兴发挥出重要的促进作用。

一、加强培养，全面提升科技特派员科技水平

省农科院高度重视科技特派员科研和推广能力的培养，为科技特派员全面成长制定并实施一系列的培养计划：

一是对高端科技人员进行提质培养。根据高层次人才需求和科技特派员的素质需要，认真实施"金颖之光""金颖之星"和青年研究员、青年副研究员培养计划，筛选有一定工作经历和较好科技成就的科技人员承担重要科研项目和推广项目，增加安排科研经费、岗位津贴和输送出国培养（培训），压担子、重历练，促进科技人员水平全面提高并迅速成长为高素质的科技特派员。

二是对年轻科技人员加强基础培养。针对年轻科技特派员的特点和要求，实施"院长基金"培养计划，在年轻科技人员中筛选一部分承担院定的科技项目，包括自然科学、社会科学领域和创新项目、推广项目，全院每年安排 40 项、每项 15 万元经费支持，着眼于基础素质的培养和能力锻炼，支持和促进年轻科技人员开展科技创新和推广工作，逐步成长为合格的科技特派员。

三是对团队加强科研能力提升培养。实施团队建设计划，引导并大力支持科技特派员根据自身能力分别参与打造攀峰、优势、特色、培育和新兴五

个层次的科研团队，省农科院给每个团队每年 30 万至 60 万元不等的科研经费支持，培育并促进一批特派员成为科技水平高、协作能力强、善于发现问题、善于解决问题的科技特派员各层次领头羊。

二、科学安排，充分发挥科技特派员支撑作用

为更好地服务和支持全省现代农业发展，省农科院已初步构建起以省农科院为源头、地方分院为支点、农业企业为载体、专家服务团为纽带、现代农业产业园为抓手的院地企协同的新型农业科技服务体系。由全院主要科技力量组成的科技特派员队伍是这个科技服务体系主要工作的实施者，院里科学安排，统筹调配，使他们能潜心努力完成特派员工作任务。

一是集中力量形成"科技特派团"效应。 省农科院根据不同地方的农业科技需求，有针对性地组织科技特派员以地方共性瓶颈问题为导向，集中力量开展科研攻关、集成技术有效推广应用，形成以"科技特派团"的形式带技术、带项目帮助解决生产实际难题，为推动新时期精准脱贫、城乡协调发展和广东特色现代农业发展提供科技、人才、平台支撑。

二是机动灵活认真落实特派员工作任务。 组织科技特派员以省农科院新型农业科技服务体系为依托，采取机动灵活的工作方式，团队与个体相结合，深入基层、深入站点、进驻企业、进驻园区，因地制宜开展工作，通过结对帮扶、共同研发、示范指导、集中培训等途径，从生产理念、产业信息、主导品种、关键技术等方面促进科技与产业融合，在促进企业提质、农民致富、产业发展等方面发挥特派员的工作专长。2018 年全院精心遴选出 79 个特派员项目立项，组织 400 多名专家直接对接全省 236 个省定贫困村，为超过 2 500 户以上贫困户提供服务。

三是关键节点充分发挥特派员聪明才智。 省农科院在配合省有关部门编制全省现代农业发展"十三五"规划、全省乡村振兴战略规划时，经常征求科技特派员的意见；在为地方编制现代农业产业园规划和制订实施方案时，组织科技特派员参与其中；组织 31 个全产业链现代农业产业专家服务团队时，以骨干特派员为领队；在孵化初创企业时，指定特派员结对指导，等等。这些都在关键节点上充分发挥特派员的智慧、体现特派员的价值。

三、完善机制，全力保障科技特派员开展工作

一是加强组织领导。省农科院成立以院长为组长，院领导和院属单位主要负责人为成员的科技特派员工作领导小组，加强顶层设计，形成部门协同、上下联动的组织体系和长效机制，制定和完善相关政策，为特派员开展工作提供组织保障，切实把科技特派员工作作为加强科技工作的重要抓手抓好落实。

二是加大成果奖励。优先支持符合条件的特派员申请各类创新项目、推广项目，对特派员重要科研成果、项目给予奖励，鼓励承担横向项目和企业委托研究项目，大力推进科技创新。

三是激励成果转化。完善成果转化收益分配办法，保障特派员合法收益。鼓励特派员通过许可、转让、技术入股等方式开展科技成果转化，其研发转化团队可分配扣除成本后 60％以上的收益，且其成果转化可作为职称评聘的重要依据。

四是完善考核评价。开展科技公益服务的特派员在原单位工资福利、岗位、编制不变，其工作业绩纳入原单位工作考核。将基层工作经历作为职称评聘、职务晋升的必要条件，对工作业绩突出的特派员，按有关规定予以表彰并在评优、晋级和职称评聘中优先考虑。

科技特派员制度是一项顺民意、谋民利、得民心的工作，相信在省委、省政府的正确领导和省科技厅、农业厅的有力指导下，大家齐心协力，科技特派员工作一定会亮点纷呈，特色更加突出，成效更为显著。

（部分内容摘自广东省农业科学院在广东省乡村振兴科技创新行动暨农村科技特派员推进会上的讲话，2018 年 8 月 1 日）

以人才和科技推动农业农村高质量发展

省农科院是广东省农业科技创新和服务"三农"的主力军之一。一直以来，省农科院按照省委、省政府的部署和省科技厅关于农村科技特派员工作的具体要求，坚持以农业农村需求为导向，着重在组织领导、健全机制、专家到位、媒体宣传等方面做好农村科技特派员工作，使院内农村科技特派员真正成为活跃在全省农村的科技推广生力军，为促进脱贫攻坚、乡村振兴发挥了重要作用。2019 年 10 月，在科技特派员制度推行 20 周年之际，省农科院农村科技特派员工作受到肯定，成为广东省唯一一个受到科技部通报表扬的单位。

一、高度重视，确保全院上下认识和行动高度统一

省农科院党政领导班子高度重视农村科技特派员工作，院长、院党委书记亲自研究并推动，成立以院长为组长，院领导和院属单位主要负责人为成员的农村科技特派员工作领导小组，形成部门协同、上下联动的组织体系和长效机制，为特派员开展工作提供坚强的组织保障，切实把农村科技特派员工作作为加强科技工作的重要抓手抓好落实。2019 年，省农科院先后 7 次研究部署农村科技特派员工作，传达学习中央、省关于农村科技特派员文件精神，尤其是习近平总书记对科技特派员制度推行 20 周年的重要指示精神，确保全院上下认识和行动高度统一。

二、完善机制，全力保障农村科技特派员工作的开展

一是实施分类培养。省农科院在科技人员职称评聘体系中，专门安排了"科技推广与服务"系列，并制定配套考核评价标准，引导科技人员投身服务"三农"工作。将省科技厅安排的农村科技特派员专项资金项目重点向该系列科技人员倾斜；对有一定工作成就的科技人员增加安排科研项目，进行

提质培养；对具有一定工作基础的年轻科技人员安排专项资金，推动其逐步成长为合格的农村科技特派员。

二是加强成果奖励。 优先支持符合条件的农村科技特派员申请各类创新项目、推广项目，对特派员重要科研成果、项目给予奖励，鼓励特派员承担横向项目和企业委托研究项目，大力推进科技创新。

三是激励成果转化。 完善成果转化收益分配办法，保障农村科技特派员合法收益。鼓励特派员通过许可、转让、技术入股等方式开展科技成果转化，研发转化团队可分配扣除成本后60％以上的收益，且其成果转化可作为职称评聘的重要依据。

四是完善考核评价。 开展科技公益服务的农村科技特派员在原单位工资福利、岗位、编制不变，其工作业绩纳入原单位工作考核。将基层工作经历作为科研人员职称评聘、职务晋升的必要条件。对工作业绩突出的特派员，按有关规定予以表彰，并在评优、晋级和职称评聘中优先考虑。

三、专家到位，全面推进资源下沉服务地方

截至2019年年底，省农科院共有745名专家进入省农村科技特派员专家库，分别有199名、282名专家入选河源市、清远市农村科技特派员专家库，为全省科研院校中入库人数最多的单位。全院共安排79个项目、选派400多名农村科技特派员专家对接全省14个地市的41个县（市、区）236个省定贫困村，为超过2500户贫困户提供服务。专家研究领域涵盖水稻、果树、蔬菜、作物、茶叶、畜牧、水产、植保、疫病防控、农产品加工、土肥、质量安全、信息化等各个方面，为全省农村科技特派员工作提供了核心的人才支撑保障。专家带资金、带技术、带信息下乡进村、到场入户，深入基层开展对接服务，着力通过科技力量解决广东省农业区域发展不平衡、不协调问题，提高欠发达地区农民收入。

一是充分发挥13个地方分院的平台作用。 通过驻点科技人员和依托单位"带路"，迅速调研摸清对接地区农业主导产业发展情况，组建全产业链科技服务专家团队，汇集各类科技资源，有针对性地以地方共性瓶颈问题为导向，集中力量开展科研攻关、集成技术有效推广应用，以"农村科技特派

团"的形式带技术、带项目帮助解决生产实际难题，构建起以科技创新为源头、地方分院为支点、专家服务团为纽带、农业企业为载体、现代农业产业园为抓手的院地企协同新型农业科技服务体系。

二是研究出台《广东省农业科学院农村科技特派员精准扶贫乡村产业振兴支撑项目实施方案》。明确以项目形式推进工作，在198项意向申报项目中遴选出79个项目予以支持，明确项目工作任务、工作要求、绩效指标等，要求项目主持人需组织实地调研，了解最新实际技术需求，与当地村委、扶贫工作队商定项目实施方案和工作计划，合理安排项目进度，确保项目实施内容符合对接贫困村的技术需求和能够解决其产业发展技术问题。

三是科学安排，充分发挥农村科技特派员支撑作用。一方面机动灵活落实农村科技特派员工作任务。组织科技特派员以省农科院新型农业科技服务体系为依托，采取机动灵活的工作方式，团队与个体相结合，深入基层、深入站点、进驻企业、进驻园区，因地制宜开展工作，通过结对帮扶、共同研发、示范指导、集中培训等途径，从生产理念、产业信息、主导品种、关键技术等方面促进科技与产业融合，在促进企业提质、农民致富、产业发展等方面发挥特派员的工作专长。另一方面，在关键节点充分发挥农村科技特派员聪明才智。省农科院在配合省有关部门编制全省现代农业发展"十三五"规划、全省乡村振兴战略规划时，充分征求科技特派员的意见；在为地方编制现代农业产业园规划和制订实施方案时，组织科技特派员参与其中；组建31个全产业链现代农业产业专家服务团队时，以骨干特派员为领队；在孵化初创企业时，指定特派员结对指导，等等。这些都在关键节点上充分发挥科技特派员的智慧，体现特派员的价值。

四、工作扎实，对接服务成效初显

一是全面深入调研，摸清对接村产业发展情况。据不完全统计，省农科院农村科技特派员项目主要对接服务的236个贫困村产业年产值总计约1.64亿元；在对接服务规模上，共种植水稻21 960亩[*]、水果32 120亩、蔬

---

[*] 1亩＝1/15公顷。

菜 14 383 亩、花生 2 000 亩、甘薯 2 100 亩、甘蔗 15 亩、南药 400 亩、烟草 750 亩、茶叶 5 700 亩、花生 20 亩、玉米 30 亩、大豆 30 亩、牧草 430 亩、桑园 850 亩，养殖猪年出栏 10 000 头、牛年出栏 595 头、山羊年出栏 400 只、优质鸡年出栏 3.45 万只、兔年出栏 500 只、鹅年出栏 8.7 万多只、鱼 5 万尾。

二是围绕产业发展技术难题，深入开展技术对接指导。省农科院农村科技特派员专家围绕对接村农业产业发展科技需求，与政府、企业、农民共同研究制定配套技术指导实施方案，并扎实推进各项工作。在技术服务方面，累计有专家 3 000 多人次进村指导 508 次，开展技术培训 327 场次，培训技术人员、农民超 1 万人次，服务贫困户 2 508 户，建立示范基地 58 个、总面积 3 456 亩，推广应用新品种 721 个次、新技术 117 个次、新成果 44 个次，派发种子 6.09 万包、农药 993 瓶、化肥 4.82 吨，开展创新创业服务 203 次。

三是助力地方打响农业产业品牌，引进企业帮助解决销售难问题。省农科院还通过全产业链科技专家服务团，帮助地方打造特色优势农业产业品牌，如加工所特派员宫晓波通过在东源驻点服务，组织院所专家为东源板栗成功获得国家农产品地理标志登记保护认定提供全方位技术支持，为东源板栗增添了一张靓丽的名片。在帮助解决农产品销售难方面，省农科院特派员专家通过各种渠道为对接贫困村引进广州绿禾农业科技有限公司、汕尾市绿舜生态农业有限公司、中合智慧（东莞）企业发展有限公司、梅州市乐得鲜农业开发有限公司等 15 家企业帮助对接销售，解决销售难问题。经初步估算，通过科技对接帮扶后，已帮助对接贫困村实现年产值增加 502.6 万元。

五、加强宣传，营造良好氛围

省农科院高度重视农村科技特派员宣传工作，据不完全统计，2018 年 7 月以来，已在学习强国 APP、新华网、人民日报数字媒体、南方日报、广东电视台新闻联播、广东电视台珠江频道、南方农村报、省扶贫信息网、地方政府网站等媒体发布新闻近 200 篇。2019 年 6 月，省农科院农村科技特派员专家第一时间深入河源等地开展"龙舟水"救灾复产技术指导工作受到广泛关注，得到省"不忘初心、牢记使命"主题教育指导组的肯定。2019年11月5日，《农民日报》以"科技沉下去，产业旺起来——广东省农科院科技特派员兴农富民记"为题，专题报道了省农科院农村科技特派员工作模式和经验。

六、展望未来，坚持以科技创新引领农业高质量发展

接下来，广东省农业科学院将继续坚持以习近平新时代中国特色社会主义思想为指导，全面贯彻落实习近平总书记对广东重要讲话和重要指示批示精神，深入实施创新驱动发展战略、乡村振兴战略，贯彻落实省委"1＋1＋9"工作部署，在省科技厅指导下持续推进农村科技特派员工作，推动人才下乡、科技下沉，以科技创新支撑乡村振兴和现代农业高质量发展。

进一步发挥省农科院地方分院平台和全产业链科技服务专家团队优势，向基层增派农村科技特派员专家，围绕地方农业农村发展，面向农业产业发展关键技术难题开展持续联合攻关，带动基层农技水平提升，通过科技力量带动实现农业提质增效、农民持续增收。

继续在联合申报项目、共同搭建创新平台等方面加强与新型农业经营主体合作，力求为地方农户及企业提供更周到的科技服务，加强农业新品种、新技术示范推广应用，推进"政产研"紧密结合的农村科技特派员服务农村新模式，牢记嘱托，秉持初心，把论文写在大地上、成果送到百姓家，在科技助力脱贫攻坚和乡村振兴中不断作出省农科院应有的更大的贡献。

（摘自《广东科技杂志》新刊，2020年3月20日，原标题《广东省农业科学院：人才下沉 科技下乡 引领农业农村高质量发展》）

积极投身广东乡村振兴主战场再创佳绩

2019 年，省农科院坚持以习近平新时代中国特色社会主义思想为指导，认真贯彻落实省委、省政府关于推进实施乡村振兴战略的各项部署，举全院之力深入推进乡村振兴战略工作，按要求完成各项工作任务，取得显著成效。在广东省 2019 年乡村振兴实绩考核中，省农科院综合评价等次为"优秀"，在省直事业单位中蝉联第一。

一、建立强力高效的组织领导机制，带领全院主动融入乡村振兴主战场

（一）建立健全以院长和院党委书记共同主导的组织领导机制

组建了省农科院科技支撑乡村振兴战略实施工作领导小组，明确由院长陆华忠、院党委书记廖森泰担任组长，院领导班子成员和院属各单位、机关各部门主要负责人为成员，指定副院长何秀古具体负责、院科技合作部为联络协调指挥部门，落实院属 15 个单位（专业研究所）和机关各部门具体推进，建立起协调顺畅、统筹强力、运转高效的组织领导和工作机制，压实了各单位和部门的乡村振兴工作责任。院党委和院领导班子把乡村振兴工作作为全院重大政治任务摆在突出位置，多次召开会议贯彻落实中央和省委省政府的工作部署，全盘谋划、高效实施科技支撑乡村振兴工作。

（二）进一步完善科技支撑乡村振兴的制度体系

对照广东省乡村振兴战略目标任务谋划思路举措，制定了《省农科院科技支撑乡村振兴行动计划》和院服务"三农"工作实施方案，以及 10 多个配套系列文件。认真落实粤府〔2019〕1 号文"科技创新十二条"精神，逐步完善促进自主创新的制度体系，及时修订了科研项目资金、科技成果转化、横向科技项目等管理办法，明确服务"三农"工作成效与科技人员职称评聘挂钩，进一步提高科技奖励标准，引导和推动科技人员积极主动为乡村

振兴服务。同时针对全院在科技支撑乡村振兴中的工作短板和弱项，开展了专题调研，形成专题调研报告和学科发展、科技服务、人才队伍建设等方面的工作意见，结合实际逐步落实，进一步提升了以支撑乡村振兴为先导的科技创新能力和支撑水平。

二、做活科技主业，不断为产业兴旺推动乡村振兴提供强有力的科技支撑

（一）着眼支撑乡村振兴，大力增强自主创新能力

组织动员科技人员根据推进实施乡村振兴战略需要，瞄准科技前沿，以解决"卡脖子"技术难题为主线，积极主动申报科研项目。全年科技项目立项 1268 项，立项经费 4.57 亿元；获国家重点研发专项立项支持 2 项，国家基金项目 31 项，省重点领域研发计划项目 7 项。获各级科技成果奖励 77 项，包括主持获得神农中华农业科技奖 3 项、全国农牧渔业丰收奖 2 项、省科学技术奖 5 项、省专利奖 2 项、省推广奖 25 项。新品种新技术持续保持优势地位，有 62 个品种、63 项技术入选 2019 年广东省农业主导品种和主推技术，分别占全省农业主导品种的 63.3%、主推技术的 70.8%。农业科技成果转化持续向好，累计吸引 124 家农业科技企业入驻院科技转化孵化平台，帮助 3 家企业发展成为国家级农业龙头企业、3 家企业发展成为高新技术企业。院属金颖农业科技孵化公司被认定为"广州市级科技企业孵化器"、科技部"国家级星创天地"、农业农村部"农村创新创业孵化实训基地"。

（二）着眼支撑产业兴旺，全力加强现代农业产业园科技服务并取得了显著成效

建立产业园科技支撑工作机制，在全省科研院校中率先提出全产业链科技服务，根据产业园发展需求定向组建了全产业链专家服务团队 98 个，以"一园一平台，专家进企业"的工作模式为粤东西北 100 个现代农业产业园中的 91 个和珠三角 7 个产业园提供高效、务实的全链条科技服务。与产业园实施主体合作，在惠城区丝苗米产业园建立了海纳农业研究院，在翁源兰花产业园建立了广东兰花研究院等科技研发机构。省农科院的经验模式在省农业农村厅的《全省现代农业产业园建设工作简报》上刊登，受到社会各界

一致好评和其他科研院校的效仿。

（三）着眼带动提升地方农业科技能力，竭力支持优势特色产业发展并取得重要进展

一是增强农业科技园区的龙头带动作用和辐射效应，受到科技部高度肯定。由省农科院独立建设的广州国家农业科技园区，探索出以园区汇聚科研团队、以服务扩大科技辐射、以基地带动产业发展的科技园区工作模式，初步建立起科技支撑乡村振兴的运行新机制，被科技部评为优秀园区，是全国3个科研院所主导型园区中唯一获评优秀、广东省参评4个园区中唯一获评优秀的园区。

二是面向解决地方产业发展瓶颈问题，构建起院地紧密联动的科技合作关系。持续深化院地合作，与肇庆市政府共建省农科院肇庆分院，累计与地方政府等共建省农科院地方分院（促进中心）13个、专家工作站23个。继续与佛山市政府共建科技合作示范市，与梅州市政府共建乡村振兴农业科技合作示范市，与汕尾市政府合作推动科技提升农业产业发展质量，与韶关市政府共建科技支撑产业兴旺典范市，与肇庆市政府合力打造粤港澳大湾区绿色优质农产品供给示范市，与省农业农村厅、广州市农业农村局共建广州粤港澳大湾区"菜篮子"研究院等。全年安排经费1 152万元，派出55名专家常驻地方，解决了地方产业发展的一批技术难题，院地共同打造政府、企业、农民"信得过，用得上，离不开"的省市县联动的科技团队。

三是开创院县域科技合作新局面。与广州市增城区、河源市东源县建立了农业科技全面合作关系。与增城区农业农村局共建了专家工作站，为增城区派出挂职副区长1名和3名正高级专家驻点，首批安排54名科技人员对接服务增城54条村。围绕东源县板栗、茶叶、特色水果、农产品加工、农旅结合等产业发展需求，派出全产链专家服务团，整县域推动东源现代农业向"生态、优质、安全、高效"的目标加快发展。

四是带动市县科技创新能力提升。在省领导的支持主导和省财政厅、农业农村厅等部门的支持下，围绕荔枝、茶叶、菠萝三大产业关键技术瓶颈问题，与地方农科机构联合开展科技攻关和技术推广，促进优势产业发展，以

传帮带式服务帮助市县提升科技创新能力。

五是助力美丽乡村建设。开展绿色基塘农业研究，实施"美丽河湖"行动。根据珠三角农业农村实际，在佛山建立"广东佛山珠三角基塘农业研究中心"，并在顺德、南海、三水、高明等地设立试验站进行示范推广，指导珠三角地区基塘农业生产可持续发展，为"广东佛山基塘农业系统"获得第五批中国重要农业文化遗产认定提供全面支撑。组织力量为河源市源城区、英德西牛镇、南海九江等地提供美丽乡村规划和技术指导服务。

三、组派科技人才下沉基层一线，为推进乡村振兴战略充分释放才华和能量

（一）精心组织科技特派员活跃在服务乡村振兴一线，获科技部通报表扬

按照省委、省政府的部署和省科技厅的具体要求，省农科院着重在源头培养、作用发挥、机制保障等方面扎实工作，使省农科院的科技特派员真正成为活跃在全省农村的科技推广主力军，为促进脱贫攻坚、乡村振兴发挥重要作用。安排 2 批次 55 人到地方分院驻点，带资金、带项目、带技术常驻基层；安排 20 名高级职称专家对接指导未建分院市的 20 个市县农科所；派出科技特派员 3 000 多人次，下乡进村、到场入户开展技术指导 508 场次、技术培训 327 场次，其中选派 400 多名特派员对接 236 个省定贫困村，服务超过 2 500 户贫困户。《农民日报》以《科技沉下去，产业旺起来——广东省农科院科技特派员兴农富民记》作了长篇报道。在纪念科技特派员工作20 周年之际，省农科院成为全省唯一受到科技部通报表扬的单位。

（二）尽心组织科技人员踊跃投身脱贫攻坚工作，取得显著成效

组织院科技人员经常深入对口帮扶的雷州市企水镇洪排村，通过指导村民发展养鸡、青枣、优质稻等富民兴村产业，使有劳动力贫困户人均可支配收入达到 12 000 元以上，贫困村和 62 户贫困户 226 人全部达到退出标准，村党支部首次获评为先进党支部。指派部分科技人员为部分省直单位对口帮扶村和广东省援助四川、贵州、西藏等地的产业扶贫工作提供技术支撑。

（三）及时组织科技人员开展应急科技工作，险难时刻尽显担当

在"龙舟水"持续袭击、全省大部分地区农业生产受到严重影响之时，省农科院急地方之所急，立即安排12个地方分院驻点人员跟进了解各地受灾和技术需求，迅速派出相关专家赴河源等地救援，为灾后复产和动物防疫提供强有力的科技支持，得到了省委"不忘初心、牢记使命"主题教育活动指导组的高度赞扬。在防控非洲猪瘟的关键时刻，迅速组织科技人员开展技术研究，主动参与动物疫情监测预警、分析和检测，赶赴潮州、河源、茂名、湛江、西藏林芝等地开展防控技术指导，受到省农业农村厅和当地干部群众一片好评。

（四）选派精干力量助力乡村振兴

配合省委组织部、省扶贫办等，选派党员干部挂职、挂点、驻村工作。选派1名正处级干部挂任广州市增城区副区长，全面对接增城乡村振兴科技需求；选派1名副处级干部挂任雷州市洪排村党支部第一书记，大力实施洪排村头雁工程，推进脱贫攻坚工作；选派1名专家挂任西藏林芝市易贡茶场党委委员、生产部长，1名高级科技人员挂任汕尾市农业农村局党组成员、副局长，1名博士挂任汕尾市华侨管理区管委会副主任，2名科技人员分别挂任德庆县、东源县农业农村局副局长，全力服务当地乡村振兴工作。

（五）组建专家团队支撑富民兴村产业发展

配合省农业农村厅、省文化和旅游厅等牵头单位，大力发展富民兴村产业，连线连片助力乡村旅游发展。一是统筹全院科技资源，组建98个全产业链专家团队对接服务现代农业产业园建设，扶持和带动区域特色产业和小农户的发展；开展"科技进千村"工作，按照"一村一专家、一镇一小组、一县一团队"的模式组织科技人员对接服务"一村一品、一镇一业"建设。二是立足服务人才振兴，积极培育新型农业经营骨干。承担省农业职业经理人、现代青年农场主、创新农科人才等重大培训项目，接续开展基层农技员等各类培训班50余期，全年共培训4 200余人次。三是设立创意农业研究团队，参与乡村旅游与休闲观光农业"百镇千村"提质升级行动，打造出乐昌和村、翁源兰花等乡村产业旅游新胜地。

四、协助起草乡村振兴战略规划等政策文稿，充分发挥农科院思想库和智囊团作用

（一）在省发展改革委指导下，认真做好乡村振兴战略规划宣传和协助地方规划编制工作

举全院之力协助省发展改革委起草编制了《广东省实施乡村振兴战略规划（2018—2022 年)》（以下简称《规划》），在省委、省政府印发该规划后，组织专家做进一步研究并协助做好宣传工作，派出专家团队到地方讲解《规划》的主要内涵、实施要点和工作建议，指导地方高效推进乡村振兴各项工作。同时协助东莞、江门、汕尾、潮州等 20 多个市县高质量编制了地方实施规划，从源头上引领和推动乡村振兴。

（二）协助省民族宗教委推动民族地区乡村振兴

按照省委、省政府的部署，组织力量协助省民族宗教委开展民族地区发展研究，协助起草有关政策文稿，《中共广东省委 广东省人民政府关于推动我省民族地区加快高质量发展的意见》经省委、省政府审定后以粤发〔2019〕18 号文下发。按照文件精神和省的部署，省农科院认真贯彻"3＋1"结对帮扶机制，与连南瑶族自治县委、县政府充分研究，落实科技助力连南特色产业发展。

（三）积极主动为乡村振兴建言献策

按照省委农办、省农业农村厅、省科技厅等单位的工作部署，组织科技人员深入基层一线开展专题研究，选派人员到省乡村振兴、脱贫攻坚等工作专班协助工作。省农科院科技人员参与执笔的《关于全国加强乡村治理体系建设工作会议主要精神及贯彻意见的报告》获李希书记、马兴瑞省长批示。另有 7 项研究成果获农业农村部副部长、中央农办副主任韩俊和叶贞琴、覃伟中等省领导同志批示。

（摘自广东省农业科学院 2019 年度推进乡村振兴战略工作情况报告，2020 年 2 月 19 日）

"三建三促"湛江市洪排村完成双"摘帽"

湛江雷州市企水镇洪排村是省定相对贫困村，2016 年以来，省农科院立足实际，明确以"'三建'带'三促'"的帮扶思路，加大力度整顿软弱涣散党组织，强化党建引领，化解了 7 宗积压了 20 多年的深层次矛盾，用好自筹资金 600 多万元，深化科技扶贫，发展富民兴村产业 12 个，贫困户分红 61 万元，建设和谐美丽村庄，解决 30 多个困扰多年民生问题，激发出村发展的强劲内生动力。2019 年 7 月村党支部被评为"企水镇先进党支部"，2019 年年底 62 户、226 名贫困人口全部达到脱贫标准，达到"软弱涣散党组织"和"相对贫困村"双摘帽的预期目标。

一、给出四字诀，建强支部战斗堡垒促发展

帮钱帮物不如帮建个好支部。省农科院确立建强党支部为依托、党建引领促发展的脱贫思路，给出了"细、严、实、强"的四字诀，以解决村党支部涣散乏力问题，摘掉洪排村"软弱涣散党组织"的帽子。

"细"谋篇章，正视问题布好局。针对村党支部不团结、内耗严重、组织涣散，村内派系斗争严重等桎梏顽疾，省农科院对症下药，按照"融入扶贫抓党建、抓好党建促脱贫"理念，研究制定了《洪排村开展整顿软弱涣散村党支部的实施方案》，确定了以建强村党支部引领村发展的脱贫总思路，院党委成员经常深入到村调研指导推进各项工作，逐户走访、深谈细问，与贫困户一起算脱贫账、谋发展计，合力拔穷根。

"严"抓班子，履职尽责敢担当。为了提升村"两委"班子凝聚力战斗力，省农科院扎实推进"头雁工程"，选派有丰富党群工作经验的副处级干部担任村党支部第一书记兼驻村工作队长，开展村党支部整顿工作，以选好配强班子队伍为目标，密切配合企水镇党委"大刀阔斧"狠抓村"两委"班子换届工作，推荐并选拔出 5 名在村民中威信较高、能力较强、素质过硬的

人员进入村"两委",成功打造出一支困难面前敢抬头、难题面前敢应战的党支部队伍。

"实"出章法,精准施策显实效。村内矛盾深、信访问题多是洪排村多年难以解决的突出问题。为了高质、高效解决问题,助力脱贫攻坚战,省农科院携手企水镇党委、洪排村党支部集中力量,全面梳理矛盾,制订任务分解表,通过召开专题党课、矛盾双方协调会、班子研判会、普法专题讲座等方式,逐个破题、逐个解决,最终历时半年,40多位村民在调解方案上签名同意,7宗积压了20多年的深层次矛盾问题得到全面化解,成功啃下"硬骨头",为决胜全村脱贫攻坚工作打下了良好基础。

"强"化信念,握指成拳领力强。为了提升村"两委"班子带领群众脱贫致富能力和信心,省农科院开展"大学习大帮扶"计划。院党委书记廖森泰坚持每年进村讲专题党课,部署脱贫攻坚各项具体工作,统一思想,并亲自带领村"两委"干部到佛山顺德万安村参观学习,就头雁工程、党组织建设、村集体发展等进行深入交流、建立结对帮扶关系,还安排省农科院书记项目落地洪排村,推动院作物所管理党支部与村党支部结对共建,有效激发村党组织发展内生动力,帮助洪排村从软弱涣散的后队变先进党支部的前队。

二、铺就三条路,建设富民兴村产业促增收

如何寻找适宜产业,迈过村产业基础薄弱、村民收入来源单一这个坎?省农科院院长陆华忠统筹谋划,发挥科技优势,整合全院力量,确立了因地制宜兴产业、科技扶贫促增收的脱贫理念,指导铺就三条脱贫致富路径。

走好合作路,合作社带动贫困户共同增收。针对洪排村自然资源差的实际,省农科院提出"合作社＋科技＋企业"的产业帮扶理念,指导成立洪排种养农民专业合作社,安排院自筹资金120多万元,实施林下优质鸡养殖、特色作物种植等12个项目,与贫困户结成利益共同体,建立利润分红机制,为稳定脱贫奠定产业基础。设立省农科院专家工作室,提供"保姆式"科技服务,累计派出专家500多人次进村指导,带出了一批"土专家"。引进穗美科技、农香一品等企业与合作社签订购销合同,从根本上解决销售难问

题。以林下优质鸡养殖项目为例，省农科院选用纯种胡须鸡鸡苗，安排 1 名科技人员蹲点指导，采用无抗饲料与谷物相结合、林下走地健身饲养方式，品质好、价格高，供不应求，近三年累计向贫困户分红 61 万元，真正实现"输血式扶贫"向"造血式扶贫"转变。

领好榜样路，带头人引领农户勤劳致富。针对少数贫困群众"等靠要"思想仍然较为严重等问题，2017 年年底，省农科院谋划打造勤劳致富样板，在洪排村推动建立了"雷州市志武家庭农场"，为农场提供全程免费科技服务，大力发展青枣、香蕉、蔬菜种植，农场每年收入稳定在 13 万元以上，累计接待前来参观学习的外村村民 200 多人次。通过示范带动，不少懒散成性的贫困户主动向工作队提出要发展庭院养鸡等项目，三年来，驻村工作队投入资金 46 万元，发放优质鸡苗约 1.8 万羽，安排专家技术指导，人禽分开、科学饲养，帮助 62 户贫困户累计直接获得经济收益 70 多万元，双手劳动带来的不仅是收入的增加，贫困户自我发展意识和能力也得到明显增强。

铺平政策路，政策扶持拓宽渠道稳收入。省农科院按照"一户一策"帮扶理念，在就业、生产、创业等方面与村民共研政策、齐拓思路，全面拓宽贫困户增收渠道，为洪排村全面铺平政策致富之路。根据 43 户有劳动力贫困户意愿，投入财政资金 110 多万元，购买黄牛、三轮车、渔具等一批生产工具，确保每个有劳动力的贫困户家庭至少有一个增收项目。按照投资带动脱贫的政策理念，安排 190 多万元财政资金入股广东能生公司等 3 家优质企业，有劳动力贫困户人均获得投资分红收益 1 107.9 元。通过多措并举，有劳动力贫困户 2016 年、2017 年、2018 年、2019 年人均可支配收入分别达 6 125 元、9 054 元、11 111 元和 14 336 元。

三、筑牢两阵地，建好和谐美丽洪排促振兴

如何完善基础设施，改善民风村貌，有效提升脱贫成效？省农科院确立了以建设和谐美丽洪排为主题、筑牢阵地凝聚民心促振兴的脱贫战略，提出了建好文化场所、基础设施"两个阵地"规划，院自筹资金 500 多万元，实施了一批民生工程，解决困扰多年的生产生活问题 30 多个，群众生活条件全面改善。

建好文化场所，筑牢精神文明阵地。省农科院坚持把精神文明建设和脱贫攻坚有机结合起来，新建文化场所，丰富村民精神生活。建成了村党群服务中心、农技服务站，实现村两委办公、农技培训、业务办理有了固定场所，了却了村民们几十年苦盼的心愿。建设了科普文化楼、同心同德文化广场、科普文化长廊、新篮球场，兼具健身、观赏、散步、跳广场舞多种功能，更成为村民的"遛娃胜地"，为村民群众文化娱乐增添了好去处。翻修了村小学大门、改建围墙、新建厕所、安装操场灯光，捐赠一批原值近20万元的教学设备，全面改善学校软硬件条件，每年表彰奖励新考入高校的学生，树立起崇学尚学的良好风气。

建好基础设施，筑牢民生工程阵地。省农科院通过精心设计、全面协调、全力推进整村饮水工程，实现了家家户户通安全饮用水，结束了村没有自来水的历史。完成危房改造，确保了家家户户有安全住房。推进道路升级改造工程，村口和入村主干道全面拓宽并完成水泥硬底化，建设路灯80盏，并在村口设立"洪排村"交通标识牌，极大地方便了村民出行。通过实施系列民生工程，村集体工作得到群众的一致好评和大力支持，外出村民和乡贤经常回村，有效提升了群众获得感、幸福感、安全感。

通过四年多的帮扶，洪排村党支部战斗力显著增强，村民脱贫致富内生动力全面激发，曾经的"贫困村"蜕变成如今的"小康村"，"上访村"蝶变为"文明村"，原本软弱涣散的"难管村"成长为基层党建"先进村"。洪排村发生脱胎换骨的变化，关键在于更加注重从"输血式"扶贫向"造血式"扶贫转变，更加注重产业发展与扶志、扶智相结合，更加注重农村基础设施与农民精神面貌同步提升。而今，团结奋进的洪排村在脱贫致富奔小康的道路上越走越稳、越走越快、越走越好。

（《广东脱贫攻坚工作动态》第176期，2020年6月1日）

翠叶并擎，硕果累累

　　省农科院以党建引领、四轮驱动为主线，以提升科技创新能力与产业支撑水平为目标，成立由院长、党委书记任组长，其他院领导任副组长的乡村振兴战略工作领导小组，整合农业科技成果、人才、技术和平台资源，坚定不移推进院地合作，科技支撑乡村振兴战略。2015 年年底以来，先后与 12 个市级地方政府、1 个县级地方政府合作共建 13 个地方分院和促进中心，出台《广东省农业科学院分院建设试行方案》《广东省农业科学院分院建设工作指南》《广东省农业科学院共建现代农业促进中心管理试行办法》等文件，省财政安排专项资金支持。科技人员带项目、带资金、带技术前往地方开展驻点服务，逐步搭建起覆盖广东省东西两翼、粤北山区和珠三角等农业发展区的立体化院地科技服务网络，形成以地方分院为支点、企业为载体、专家服务团为纽带、服务现代农业产业园为抓手的院地企联动的科技支撑体系，并在实践中形成了"共建平台，下沉人才，协同创新，全链服务"的院地合作模式。

院地合作
共建平台印迹

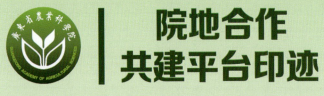

2016年1月21日
河源分院成立

2016年3月28日
韶关分院成立

2016年8月3
江门现代农业
促进中心成立

2015年12月2日
佛山分院成立

2016年2月3日
梅州分院成立

2016年4月8日
湛江分院成立

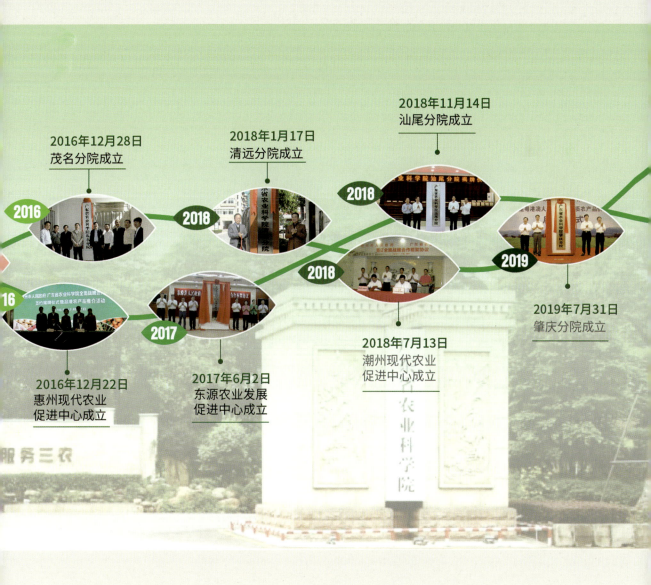

2018年11月14日
汕尾分院成立

2016年12月28日
茂名分院成立

2018年1月17日
清远分院成立

2016

2018

2018

2019

16

2017

2016年12月22日
惠州现代农业
促进中心成立

2017年6月2日
东源农业发展
促进中心成立

2018年7月13日
潮州现代农业
促进中心成立

2019年7月31日
肇庆分院成立

省农科院专家在佛山指导生产

省农科院科技支撑下的佛山桑基鱼塘生态农业

省农科院专家在河源鸽场指导生产

省农科院科技支撑下的河源食用菌生产

省农科院专家在梅州稻田指导生产

省农科院科技支撑下的梅州柚喜获丰收

省农科院专家在韶关乐昌陈家坪村指导扶贫产业发展

省农科院科技支撑下的韶关黄金奈李喜获丰收

省农科院专家在湛江徐闻菠萝园指导生产

省农科院科技支撑湛江火龙果产业发展

省农科院专家在茂名荔枝果园指导生产

省农科院科技支撑下的茂名罗非鱼渔场

省农科院专家在清远稻田放鱼苗

省农科院科技支撑清远鸡产业发展

省农科院专家在汕尾甘薯地技术指导

省农科院科技支撑汕尾海丰油占米产业发展

省农科院专家在肇庆柑园指导农民

省农科院水稻新品种在肇庆农科所展示推广

省农科院在惠州与企业共建创新研究院

省农科院科技支撑下的惠州冬种马铃薯喜获丰收

省农科院专家在江门柑园指导生产

省农科院科技支撑江门柑普茶产业发展

省农科院专家在潮州进行种质资源调查

省农科院科技支撑下的潮州生态茶园

省农科院科技支撑下的优质东源板栗喜获丰收

省农科院科技支撑河源灯塔盆地农业生产

政研携手　助力佛山农业科技腾飞

广东省农业科学院佛山分院

2015 年 12 月，佛山市人民政府与省农科院签署战略合作协议，成立广东省农业科学院佛山分院（以下简称"佛山分院"），依托省农科院的技术力量，整合佛山市农业科学研究所（以下简称"佛山市农科所"）、佛山市农业技术推广中心等资源，为佛山农业发展提供科技支撑。2017 年 12 月，在共建佛山分院的基础上，佛山市人民政府与省农科院签约共同建设广东省农业科技示范市，建立全方位、深层次、宽领域的科技战略合作关系。双方立足佛山农业成熟的产业基础和市场规模，充分发挥省农科院科研团队、技术成果优势和先进的管理理念，为佛山现代农业发展提供强大的智力支持，有效提升了佛山农业科技创新水平。

一、"院市共管，分院裙连"创新运行体制，充分发挥佛山分院依托作用

佛山分院作为共建广东省农业科技示范市的重要载体，在强化省农科院对于佛山现代农业科技创新的主导作用，促进佛山现代农业高端化发展中发挥了重要作用。扎实推进佛山分院体制机制创新，促进佛山分院高效运转，为共建广东省农业科技示范市提供强有力的依托。

一是率先实施理事会管理模式，实现院地机构运行一体化。成立佛山分院理事会，佛山市人民政府、省农科院共同参与管理。理事会承担分院建设与发展决策职能，负责总体协调、规划指导与监督检查等工作。组建管理团队，成立执行委员会统筹建设与日常管理，成立学术委员会负责研究研发、人才建设与成果转化等工作。理事会、执行委员会、学术委员会的运作架构，实现了佛山分院与佛山市农科所的一体化运行，使其成为佛山市人民政府与省农科院共有的农业科技创新、科技服务工作平台。

二是建立"三办五部"工作模式，构建高效引才用才机制。将分院原有内设机构调整为"三办五部"，即行政办公室、人事党务办公室、科技管理办公室、水稻研发部、蔬菜研发部、植物保护与生态环境研发部、花卉与设施农业研发部、水产研发部。省农科院派驻人员按其专业特长加入相应学科团队，派驻人员扎实的理论基础和佛山市农科所科技人员丰富的实践经验得到充分发挥。

三是构建分院长效管理机制，有效提高管理水平。佛山市人民政府与省农科院结合市院共建实际，共同研究制订分院暂行管理办法、理事会章程、权责清单、资金管理办法及中层岗位聘用实施方案等制度，构建起佛山分院长效管理机制，分院管理运行各方面均有制可循、有章可依。

二、三管齐下，产研直联，夯实佛山农业转型升级基础

现代农业高质量发展，资源要素保障是重要的一环，佛山市人民政府与省农科院全方位为共建广东科技示范市提供要素支撑，筑牢佛山农业转型升级基础。一是强化资金保障。佛山市人民政府与省农科院制定《共建广东省农业科技示范市行动计划（2018—2020年）》和《佛山市推进广东省农业科技示范市建设专项资金管理办法》，连续3年安排专项资金支持市院科技合作联合攻关，是省农科院地方分院中首个并持续设立专项合作资金的地方政府。合作项目经费列入市农科所预算计划，按照专项资金管理办法规范管理。二是强化科技支持。实施"一十百千万"产研直联工程，专家科技服务常态化。围绕佛山市水产、蔬菜、花卉等特色优势产业和生态保护、健康种养、休闲农业等高新技术领域，征集佛山农业经营主体的技术需求，结合技术供给，每年启动十个研发（推广）项目，重点解决产业共性关键技术难题。组建由150位专家组成的10个全产业链科技服务团队提供科技服务，累计组织专家超1 000人次为100余个佛山农业园区、企业、农业合作社、种养大户等解决企业生产与发展的技术难题。举办技术培训班、科技下乡、农业科普教育等活动200余场，受众超10 000人次，为佛山培养了一批懂农业、爱农村的农业农村人才。三是强化规划引领。受地方各级政府、农业管理部门等委托，省农科院专家为佛山的区域农业发展、现代农业产业园建

设、农业公园建设等制定总体规划。此外，专家及驻点人员在佛山五区开展产业调研，了解各区农业产业技术状况、存在问题，梳理发展经验，形成调研报告 15 份，部分报告被佛山市农学会、佛山市种业技术协会等采纳，为佛山现代农业、都市农业等建设提供参考。四是强化人才互培共享。省农科院与佛山市农科所设立双向流动人才培养制度，市院双方互派人员交流。佛山分院不定期组织专家团队、驻点人员与佛山市农科所开展青年学术交流会、研讨会、科技论坛等活动。通过与省农科院的深度合作，有效提升了佛山市农科所及科技人员在学科发展、人才建设、科技创新与服务等方面的综合能力与水平，2019 年佛山市农科所 13 名中层干部顺利转正，18 名技术人员岗位晋级。积极选派优秀农科人才"下沉"基层锻炼，弥补佛山农业科技人才力量的不足。

三、丰富载体搭建平台，发挥项目支撑作用，科技成果产出竿头直上

加强创新平台建设，提高创新平台层次，以专业为基础，以项目为纽带提升科技创新能力。一是推进农业科技创新平台建设。佛山市农科所与省农科院蚕业与农产品加工所联合申报的"广东省珠三角基塘农业工程技术研究中心"获批 2019 年度广东省工程技术研究中心，是佛山市农科所获批建设的第一个省级平台。中国农业大学、省农科院蔬菜研究所、佛山市农科所及佛山农业企业建设的华南地区首家蔬菜类"科技小院"，开启了农业科研和农技人才基层一线培养新模式。二是共同承担科研项目提升创新能力。佛山市农科所与省农科院共同承担"共建广东省农业科技示范市"专项、广东省现代农业产业技术体系创新团队及佛山市重点农业科研项目。如共同承担富氢水在农业应用中的机理模式、综合装备及配套生产规程研发与示范推广项目，省农科院与佛山市农科所根据自身定位承担不同的科研内容，既有效发挥了各自优势，也在合作中提升了佛山市农科所科研人员的科技创新能力。三是有效提高科技成果产出。自佛山分院建设以来，佛山市农科所承担科技部国家重点研发计划、农业部公益性行业项目 2 项，实现了佛山市农科所国家级项目"零"的突破。主持农业部国家（广东）农业基础性长期性科技工

作监测项目 1 项，获批省现代农业产业技术体系试验站 2 个。主持市级项目多项，其中佛山市重大科研项目农业氢水灌溉技术试验项目已有序开展。首次承办国际性学术会议——国际镁营养试验现场会。荣获全国农业农村系统先进集体荣誉称号，获得农业农村部农牧渔业丰收奖二等奖、范蠡科技进步二等奖、省农业技术推广奖、佛山市科技进步奖等成果奖励 17 项，育成水稻、蔬菜新品种 6 个，"三澳占"被评为 2019 年广东省主推品种，农晶丝苗等四个水稻品种成功转让，另有 11 个新品种进入省区试阶段，发表论文 60余篇。

四、加强科技创新引领，"强优势，显特色"，促进农业全面升级

乡村振兴，离不开产业兴旺；产业兴旺，需要科技引领促进。省农科院通过分院平台，强化农业科技成果导入，加强示范带动，在农业科技成果转化、特色农业文化、农业产业和品牌等方面提供强有力科技支撑服务，有效促进佛山农业全面升级。

一是推动科技转化平台升级。加大农业科技示范基地建设，建立科研试验基地、成果转化基地、党员引领示范田、专家工作站、博士工作站等 30余个。引入新品种、新技术，累计向企业推广新品种 300 多个、新技术 80多项，果桑 10 号桑品种被各大农业公园成功引种深受好评。

二是推动农业文化升级。成立"广东佛山珠三角基塘农业研究中心"，在南海、顺德、高明、三水等地建立 4 个工作站，建立新型基塘农业立体循环生产模式，结合生态种养、绿色加工及适度休闲旅游开发，建立多元化的桑基鱼塘系统，盘活基塘农业多种功能价值。为"广东佛山基塘农业系统"入选第五批中国重要农业文化遗产名单提供全程重要科技支撑服务。

三是推动农业产业升级。以各地现有资源为基础，协助做大做强优势特色产业，创建特色农产品优势区，形成特色农业产业集群。省农科院全产业链专家服务团全面对接佛山花卉、水产等 4 个省级现代农业产业园区建设。以专家服务团队为支撑，以三水区大塘镇农业产业为基础，联合南山镇共同打造集安全农产品生产、新品种新技术展示、休闲观光、科普教育等功能于

一体的具有佛山特色的工农融合共生的现代农业示范区。

四是推动农业品牌升级。主办或协办佛山农业良种良法展示、佛山农业嘉年华、丰收节、安全农产品博览会等系列展示推广活动，突出农业新技术，搭建农业科技推广平台。以打造佛山市地方特色农产品品牌为切入点，积极开展特色农作物资源保护与开发利用，对三水黑皮冬瓜、乐平雪梨瓜、高明粉葛、谭边大顶苦瓜等地方特色优势农产品进行技术攻关，通过举办文化节、擂台赛等方式进行宣传推介，形成了区域公用品牌、企业品牌等农业品牌格局。

五、多措并举，聚焦重点，科技助力美丽乡村建设，推动佛山乡村全面振兴

以美丽经济为落脚点，以更美促更富，以更富建更美。围绕都市农业发展，结合佛山农业特点，通过在美塘行动、农业绿色发展、农旅结合等领域提供科技支撑服务，帮助佛山构建新时代都市农业生产新模式，有效推动乡村全面振兴。

一是构建都市农业生产模式。佛山分院根据珠三角生产模式和特点，提出农业科技创新和生态发展的构想，推动构建生产、生活、生态相融合的现代都市农业生产模式，大力推进健康种养农业。

二是大力推进美塘行动。打造"广东佛山珠三角基塘农业研究中心"等"美塘行动"平台，省农科院专家团队为农村基塘污水治理、鱼塘增氧机优化改造、生态循环综合利用等美塘行动提供技术支撑，利用微生物净水、构建以沉水植物为主的水下生态系统等一套水体生态净化技术，以三水区乐平镇为示范点，开展生态环境改造。

三是助力乡村振兴示范建设。以建设美丽乡村、生态环境友好为导向，以市院合作项目为抓手，针对佛山典型的乡村水环境生态治理、面源污染农田综合防治、化肥农药减施、重金属污染耕地管理、养殖耕地复垦等方面开展了大量有成效的工作，在"百里芳华"乡村振兴示范带建设及市级乡村振兴示范村建设工程中发挥智力和科技支持，推动形成农业绿色生产方式，全面提升农村人居环境质量。

  四是拓展农业产业链条。以创意农业为抓手，探索岭南文化与花卉产业、苗木资源、园林及乡村景观融合，变传统农业为精品农业，促单一耕作模式为生产、观光、休闲等多功能的有机旅游系统，目前创意农业科技服务团队已开展南海同声小学"创客园"建设、乐平镇新旗村迎国庆景观设计等项目，相关实施工作进展顺利。

砥砺前行近五载　河源兴农新华章

广东省农业科学院河源分院

河源市具有良好的生态资源优势，是粤港澳大湾区重要的农产品供应基地，近年来，由于农产品品牌影响力不足、科技含金量不够、支撑农牧业人才缺乏等因素，一定程度上制约了河源市农业产业做大做强。为充分发挥科技在现代农业发展中的支撑作用，进一步提升河源市乡村振兴、产业振兴水平，助推河源市"三农"建设和发展，2016年1月21日，河源市人民政府与省农科院联合共建广东省农业科学院河源分院（以下简称"河源分院"）。四年来，河源分院秉持"立足当地、服务'三农'"的宗旨，主动融入乡村振兴、脱贫攻坚战略，助力河源市在乡村振兴、产业振兴，"三农"建设等多方面快速发展提升。河源分院也逐步成长为面向区域农业产业、辐射带动周边，集研究开发、成果孵化、辐射带动、人才培养于一体的现代农业创新平台。通过省农科院的创新院地合作模式，河源市借力省农科院农业科技人才下沉的春风，农业发展驶入快车道，省农科院也通过河源分院平台锻炼了人才队伍，进一步提升自身科技服务水平，双方通过河源分院平台互利互补，实现合作共赢。

一、密切交流对接，推动农业科技新成果落地

四年来，河源分院与河源市政府、市农业农业局、灯塔盆地管委会及各县区农业部门组织召开院地、院企对接会30余场，服务企业共400多家，签订科技服务协议20多项。共派出22位专家担任当地技术顾问，组织人员交流互访活动35场，组织技术培训班60多场，推广新技术、新品种100多个（项），发放科普手册10 000余册，培训农业技术人员3 000余人次，累计辐射人员13 000多人次。推广"消毒灵"等动保产品10个，动植物病害防控、蔬菜果树种植、农产品精深加工等技术100多项，推广三黄鸡、香芋

南瓜、丝苗米等动植物新品种 10 个，推动了省农科院多项科研成果转化。特别是 2019 年农民丰收节，河源分院联合灯塔盆地管委会举办了以"创新引领未来"为主题的农业科技成果展暨科企对接会，有力地宣传了灯塔盆地的创新服务模式。省农科院院属 15 个科研机构和 65 个科技合作示范基地企业参展，河源市县农业系统、农业企业 400 多人参观了农业科技展，150 多家企业家代表参加了科企对接，达成合作意向近 60 项。为丰收节活动增添了科技色彩，带来了产业实惠，实现了院地合作、院企合作和提升农业科技推广服务能力的多效合一，取得了实实在在的成效，得到了参会领导、企业代表们的高度评价和认可。

二、强化技术支撑，推动河源农业产业高质量发展

四年来，河源分院以实施省级产业园建设为契机，主动提前介入，为各县区、企业产业园成功申报和组织实施提供了有力的科技支撑。据统计，河源市新增 7 个省级产业园，其中茶叶、油茶、生猪、蔬菜、板栗等 5 个产业园都是依托省农科院的科技支撑。同时，河源分院还积极主动承担河源市茶叶产业发展规划、紫金县"四子一园"规划、和平县生态农业和专业镇规划、龙川县乡村振兴"十四五"规划，积极配合、协助灯塔盆地国家现代农业示范区申报国家农高区，协助当地企业获得河源市新型研发机构认证 2 家，认定省市级农业科技创新中心 4 家，新建省级现代农业（河源）科技成果转化基地 1 个。东源促进中心推动了"东源板栗"农产品地理标志的登记工作。与各级企业建立科技合作示范基地、产学研合作基地、试验示范推广基地、专家工作站等基地与平台 40 多个，大大促进省农科院与河源市各级政府、各有关企业的深度合作。

三、做好科技帮扶，助力河源脱贫攻坚、乡村振兴

四年来，河源分院组织 30 人次农村科技特派员到各县区贫困村指导，帮扶贫困村 50 余个，指导产业发展规划 40 余项，为贫困村的产业发展解决了技术难题，提升了产业经济效益，带动 500 余人脱贫。比如，省定贫困村东源县三洞村，河源分院通过邀请省农科院畜牧专家技术指导开展三黄鸡养

殖，仅 2018 年就养殖出栏三黄鸡 4 批共 13 000 多只，纯收入 207 300 元，贫困人均获利 934.08 元。该项目将一直发展到 2023 年，将进一步惠及当地产业发展。农村科技特派员经常活动在田间地头，为地方产业发展出谋划策提供技术服务，得到了当地驻村扶贫工作队和农户的一致好评。通过农村科技特派员科技下乡，助力科技扶贫，促进产业振兴、乡村振兴。

四、心系河源灾情，科技助力复工复产及时到位

河源分院自成立以来，不仅注重发挥对河源"三农"建设和发展的科技支撑作用，更能与河源人民交心暖情，在防治河源市农业灾害与自然灾害时积极献计出力。自 2018 年 8 月份我国确诊非洲猪瘟疫情以来，河源分院积极协助河源市农业农村局开展非洲猪瘟防控工作。组织开展非洲猪瘟防控形势分析会和相关技术人员培训，并以技术支持单位正式加入非洲猪瘟联防联控小组。组织专家赴全市五县一区开展非洲猪瘟防控培训 10 场次，培训生猪养殖、屠宰、贩运等从业人员 3 000 多人，提供了 5 吨消毒药品，累计派出非洲猪瘟联控专家达 100 多人次。河源市非洲猪瘟防控工作得到广东省农业农村厅的充分肯定，实现了保障规模化猪场生产基本稳定，保障河源市生猪市场稳定和供港生猪稳定的目标任务。2019 年"6·10""6·12"河源水灾期间，河源分院第一时间与省农科院对接联系，在省农科院的统一安排下，紧急调拨 5 吨消毒药水，用于加强消毒灭原，并迅速组织 14 名专家级农村科技特派员与地方救灾组共同前往受灾较严重的连平、龙川开展灾后复产技术指导。针对当前新冠肺炎的影响，河源分院分发《农村地区新冠肺炎防控指南》等科普资料 4 000 多份，组织 2020 年河源市生猪疫病防控技术培训会（视频直播）、2020 年广东省牛羊健康养殖与疫病防控技术交流会（视频直播），收看人数达 60 多万人次。河源分院迅速及时的救灾复产及抗疫工作得到省科技厅、省政府等有关部门高度认可，受到南方日报、人民日报数字媒体、腾讯新闻、广东电视台、河源电视台等媒体广泛关注。

回首过往，河源分院凝心聚力，笃力前行，切实践行"科技创新、服务

'三农'"的建院宗旨，深耕农业，助力乡村振兴，五载奋进谱春秋。展望未来，河源分院将不忘初心，勇于担当，紧密对接河源"三农"建设需求，进一步强化科技支撑动力，为河源振兴添华章。

探索合作新模式 让乡村产业"开花结果"

广东省农业科学院梅州分院

梅州市是广东省农业大市，是广东省重要的农产品生产加工供应基地之一，在全省农业中占有很重要的地位。省农科院综合科技实力位居全国省级农科院前列，是广东省农业科技创新的主力军，在省现代农业发展中发挥了重要的科技支撑作用。2016年2月，梅州市人民政府与省农科院签约共建梅州分院，充分发挥双方优势，助力梅州农业科技创新和产业转型升级。2018年2月，双方在共建梅州分院基础上，继续提升合作层次，签订《共建乡村振兴农业科技合作示范市框架协议》，通过进一步加深合作，为加强梅州农业科技与推广人才队伍建设，增强科技创新与服务平台，发展质量兴农之路，创建特色农业品牌，建设一批国家、省、市级农业科技创新转化示范区（基地），做强做大一批农业龙头企业，为实现生态富民强市、乡村振兴提供强大的科技支撑。

一、组建全链条专家团，开设"专家问诊"服务

根据梅州农业主导产业实际需求，省农科院组建了金柚（含脐橙）、茶叶、水稻、蔬菜和畜牧水产五个全产业链专家服务团。找准和围绕梅州农业发展的瓶颈问题，从规划到品种、栽培、加工、销售、农旅结合等方面提供全产业链科技服务，全方位支持和服务梅州农业产业。

二、深化科技支撑力度，"对症下药"解决难题

一是开展多种形式的产业服务活动。通过现场技术指导、举办技能培训班、良种良法培训会、示范会、观摩会等活动，各产业专家服务团深入相应产业企业进行技术服务。累计为180余家企业提供科技服务，其中省级、市级龙头企业90余家，月均服务次数4次以上。

二是建起多元化、多层次的社会化农技服务体系。与达成合作意向的80余家企业签订科技合作协议，面向龙头企业、专业合作组织，建立科技示范基地。

三是培育农业科技示范户。有选择性地培养有潜力的种养大户和小农户，加强农业技术指导和科技培训，手把手教会新技术，并以此辐射带动周边农民，促进做实做强做大。通过科技支撑，省农科院专家服务团解决了新产品开发、高标准农田建设、富硒农产品认证、标准化制定及产学研平台创建等一批产业发展瓶颈问题。在富硒农产品认证方面，省农科院资环所提供包含"产地土壤质量检测→富硒品种推荐→增效富硒技术应用→产后产品富硒水平检测→富硒认证"在内的整套技术支撑方案，指导了梅州市稻丰实业有限公司、梅州市建丰粮业发展有限公司等3家企业获得广东省首批第三方官方授权机构认证的富硒证书，打破了以往富硒农产品"无序标识"的混乱局面，推动梅州富硒农产品步入"有序认证"的道路。

三、建设"卫星"示范基地，提升当地农技水平

省农科院专家服务团通过不断推广应用农业新良种新技术，切实加强农业科技引导，做到"科技人员直接到户、良种良法直接到田、技术要领直接到人"，使科技成果转化水平得到提升，进一步推进新品种、新技术、新成果在梅州的转化与推广，并摸索出一系列适宜梅州山区推广的优良品种和绿色、高效栽培技术。在梅州建设各类科技示范基地50余个，举办以农户、农技人员、农业基层干部为主要对象的科技示范现场展示观摩会、技术培训会、培训班等60余场次，共展示了新品种150余个，集成示范新技术40余项。蔬菜产业方面，在梅州市乐得鲜农业开发有限公司建立的科技示范基地，集中展示了蔬菜新品种130余个，以及集成示范的十余项配套栽培技术，通过示范基地的新品种新技术展示和专家团的技术指导，改变了过去菜企、农户认为梅州本土种不出高品质辣椒的传统认知，让他们树立了信心，用最好的技术可以种出最好的蔬菜，梅州也终于可以拥有自己的本土优良辣椒。茶产业方面，在梅州市山之韵生态农业有限公司等

茶企建立品质栽培技术示范基地，通过水肥一体化、有机营养液等新技术的应用，示范区的茶叶品质得到显著提升，产品价格也从过去的每千克200多元提高到每千克600多元，且供不应求，企业负责人表示，接下来要加大示范区面积，大力推广省农科院的优良技术，产品价格也要考虑进一步提高。

四、着力塑造品牌特色，培育"粤字号"农产品

省农科院与当地政府紧密合作，扶持一批具有较强开发、加工及市场拓展能力的企业，通过科技支撑，提升企业品牌的核心竞争力和市场影响力，在全省树立了一批品质高、叫得响、带动力强的"梅字号""粤字号"农产品品牌。自2018年来，梅州市强惠农业发展有限公司引进省农科院的蔬菜新品种，全面推广苦瓜标准化种植新技术，提升产品品质与商品化率，打造"白宫苦瓜"品牌。目前，"白宫苦瓜"种植面积共3 500多亩，总产量1.05万吨，产值达4 200多万元，带动1 000多户农户种植，"白宫苦瓜"在梅州市场占有率达到七成以上，成为西阳镇"一村一品"的特色产业和脱贫致富产业。得益于省农科院的科技支撑，强惠公司成为粤港澳大湾区配送中心企业，其另一明星产品"板盖坑雪莲果"也荣获"第十二届中国绿色博览会金奖"，并发布了"绿色食品梅州板盖坑强惠雪莲果生产技术规程"。茶产业方面，省农科院整合资源，助力"第三届中国国际茶叶博览会"和"首届中国梅州国际茶叶精英峰会"，为"嘉应茶"品牌推介提供了全方位的支持。

五、创建平台培育人才，打造农业"金扁担"

共建合作以来，双方在农业品种引进、示范基地建设、科技项目联合申报与攻关、科研创新平台建设和人才培养交流等方面建立了常态化合作机制，使省农科院的科技优势、人才优势、综合优势和梅州的产业基础优势发挥得更加充分。省农科院已派驻九批驻点科技人员30名，投入直接工作经费和项目经费366万元。累计开展科研试验项目30余项，其中国家级项目3项，省级项目20余项。获全国农牧渔业丰收奖二等奖1项，实现国家级

二等奖成果零突破，省市级科技成果 17 项，其中，省级科技成果 10 项，数量增长显著，实现了由建立分院前市级科技成果占主导转变为建分院后省级科技成果占主导的格局。在核心期刊发表论文 40 余篇，参与制定企业和地方标准 5 项，获得专利 2 项、计算机软件著作权 11 项，实现计算机软件著作权零突破。获批果树、粮油、茶叶、蔬菜 4 个市级技术研究工程中心，实现市级技术研究工程中心零突破。审（鉴）定农作物新品种 2 个，实现审定农作物品种零突破。获批国家级试验基地 2 个，搭建创新平台 4 个。人才培养方面，指导本地乡土专家晋升研究员 1 人，高级农艺师 3 人，农艺师 17 人。引进高层次人才 17 人，其中博士 1 人、硕士 16 人。为当地政府撰写农业产业调研报告 12 篇。

六、培养新型职业农民，掀起回乡创业浪潮

在穗梅两地，省农科院举办 10 余场以企业家、农业干部为对象的培训班。如新型职业农民、职业经理人培育培训班等。培养出了梅州市源自然农业发展有限公司陈海珠、广东苏记祥实业有限公司苏勇平、梅州市小密茶业有限公司李玉婷等一批具有较强市场意识，"爱农业、懂技术、巧经营"的新型职业农民，成为脱贫致富的带头人，为梅州由传统农业向现代农业转型灌注了鲜活的力量。如培育了源自然公司负责人陈海珠荣获农业部颁发的 2019 年度农民教育培训百名优秀学员称呼，是梅州唯一获得此殊荣的个人。南方日报对广东省三八红旗手、女企业家李玉婷的专题报道，介绍了种茶细妹李玉婷埋头垦荒山，带领贫困户奔小康的励志事迹。伴随着"源自然"陈海珠、"苏记祥"苏勇平、"小密"李玉婷等一批新农人的返乡创业成功，越来越多的梅州籍大学生毅然辞去大城市的工作，纷纷返回家乡，跨界转型，投身农业事业发展。

七、引导科技资源下沉，投身乡村脱贫攻坚

聚焦梅州全域贫困村农业科技需求，引导省农科院专家团资源，深入基层，因地制宜为农民开展各项生产技术培训，以"科技特派团"的形式带技术、带项目帮助解决生产实际难题，从生产理念、产业信息、主导品种、关

键技术等方面促进科技与产业融合。通过结对帮扶、示范指导、集中培训等途径，积极引进农业科技成果，把科技之光照亮田间地头。重视企业、合作社的联农带农效应，搭建企业、合作社与贫困村的合作桥梁，手牵手、心连心地为对接贫困村点提供产业市场。累计开展田间现场技术指导活动 100 余次，举办技术培训班 50 余场，培训农户 1 500 余人，其中贫困户 500 余人，发放农资、技术手册 2 000 余件。

扎根粤北 促进韶关农业高质量发展

广东省农业科学院韶关分院

省农科院韶关分院（以下简称"韶关分院"）由韶关市人民政府与省农科院合作共建，于 2016 年 3 月 28 日在韶关市农业科技推广中心挂牌成立，是新时期省农科院农业科技创新成果服务粤北地区的桥头堡。分院成立以来，在韶关市政府、省农科院、韶关市农业农村局领导的关心与指导下，以"扎根粤北，服务'三农'"为宗旨，立足韶关当地农业实际，依托各专业所，积极示范推广了一批适宜本地的新品种、新技术，以专家服务团、科技特派员、带培本土专家等方式推动高素质人才下沉地方，以科技培训会、现场会等方式壮大基层农业科技力量，与地方联动打造一支"政府信得过、企业用得上、农民离不开"的科技队伍。

一、深调研、强对接，科技赋能产业发展

一是了解农业需求，对接技术成果。对韶关三区、七县（市）的水果、蔬菜、茶叶等产业进行了调研，对各级农业部门、科研院所、农业推广机构和各类农业企业、合作社、家庭农场等 100 多家单位进行座谈和对接技术需求，形成调研报告并提交给相关部门，累计为 80 余家企业提供科技对接服务，其中省级、市级龙头企业 15 余家。

二是全链对接产业园。根据上级部署和韶关产业发展需求，紧紧抓住省现代农业产业园的建设和验收契机，韶关分院积极主动开展省级现代农业产业园对接服务，先后为食用菌、蔬菜、香芋、花卉、柑橘、油茶等 9 个在建农业产业园和生猪、岭南水果 2 个拟建现代农业产业园牵线搭桥，组织和联系全产业链专家服务团对接和技术服务，也为产业园资金使用、验收评估等提供咨询服务。

三是联系专家、解决关键难点。针对韶关 6 大主导产业和特色产业的关

键技术问题，韶关分院联系省农科院8个研究所以及省内其他科研机构，联系专家100多人次，提供技术解决方案，综合指导黄龙病综合防控、贡柑无病苗繁育、白毛茶品种选育、烟草病虫害防治、水稻品种及绿色生态种植等技术难点问题。

二、共建帮扶企业，助力脱贫攻坚

一是农业科技对接帮扶。韶关分院通过共建基地、技术指导、科企对接等多种方式帮扶各类经营主体，与韶关市曲江区田园农业科技发展有限公司、百臻生态农业科技发展有限公司等建设合作示范基地28个，为仁化县润华科技有限公司、韶关市金农会田田圈生态农业有限公司、乐昌五山星火生态农业专业合作社等挂牌技术指导单位40个，举办科企对接、科技下乡等活动150多次，帮助10多家农业企业获得各级龙头企业称号，如经分院技术指导，乐昌市沿溪山茶场有限公司于2018年成功申报广东省重点农业龙头企业。

二是科技下乡、助力脱贫。先后联系和协助11个农业科技特派员团队，深入韶关27个贫困村开展科技扶贫与对接，助力产业脱贫和农村发展。开展"一村一品、一镇一业"项目申报、评审、实施、技术服务、验收等对接服务项目10个，帮扶仁化县厚坑村等省定贫困村10多个，通过开展农业技术培训、现场指导、赠送种子资料等方式，促进脱贫和持续增收。

三、创建农民丰收节样板，推动农旅融合

一是农业科技推动农旅发展。以首届中国农民丰收节为契机，打造农旅结合发展样板。2018年9月23日，由韶关市政府主办、乐昌市政府和广东省农科院承办的韶关首届"中国农民丰收节"暨生态农业博览会在乐昌市长来镇和村举行，韶关分院全程参与活动筹备实施，贯穿规划构思、创意农业设计、品种选择、栽培指导等各个环节，通过彩色水稻图案造型区（乐昌农博会LOGO）、水稻迷宫区、稻-鸭及稻-鱼种植模式展示区、金鸡（凤凰）图案造型区、优良品种蔬菜展示区聚集了大量人气，以"农业＋创意"形式集中展示了水稻、蔬菜、作物、花卉等新品种近50个，受到社会各界、同

行、领导的一致好评。据统计，为期一个月的展期接待了约 25 万游客，有力带动了当地农民增收，成功将和村打造成韶关当地有名的农旅结合发展样板，有效推动了韶关农业发展。

二是打造翁源兰花名片。分院参与翁源县农业农村局 2019 年韶关"中国农民丰收节"策划宣传工作，驻点人员吴志博士带领的创意农业学科团队，在粤台农业产业园用特色花海植物在 228 亩的田间，描绘出"庆祝国庆、70、中国兰花第一县、翁源兰花"等字样及花农卡通形象，成为翁源兰花特色小镇的特色名片和游客赏玩的最佳地点。据统计，仅国庆黄金周期间，来翁源旅游的人数达到了近 30 万人，实现旅游收入近 1 500 万元。

四、举办设施农业展会，促进现代农业发展

2019 年 10 月，韶关分院与韶关市农业科技推广中心在仁化县国家现代农业示范区核心区联合举办"韶关首届设施农业新品种新技术现场展示会"，共展示新品种 120 个、新技术 100 项、新机具 100 台（套）、新产品 130 个，来自各县市区的农业经营主体、种植大户、农民、学生等近 200 人参加。会上重点展示了省农科院香芋小南瓜、翠绿 80 天菜心、汇丰 2 号辣椒、粤优 2 号丝瓜等 32 个蔬菜新品种，以及粤甜 33 号、粤白糯 6 号、粤白甜糯 7 号等 6 个甜玉米新品种和粤引奥卡菠萝、神湾菠萝等 2 个菠萝新品种；展示了柑橘设施栽培技术、水肥一体化技术等，宣传推介现代农业发展成果，受到社会各界的热烈欢迎。

五、构建科研平台，带动科技提升

韶关分院借助科技项目联合申报、联合科研等多种方式，促进省市县农业科研与推广机构、农业企业等获得省、市、县等各类科技项目 14 项、近 1 000 万元，涉及产业包括水果、茶叶、食用菌、蔬菜等，项目单位包括韶关市农业科技推广中心、省农科院果树所、省农科院茶叶所、韶关五马寨菌业有限公司、乐昌沿溪山茶场有限公司、长坝沙田柚农民专业合作社、始兴听雨轩家庭农场等科研单位、农业企业、合作社和家庭农场 13 个，如韶关市农业科技推广中心与省农科院果树所共同申报的项目《猕猴桃新品种在粤

北的引种及示范》获得广东省科技计划资助 15 万元，乐昌市庆云联丰茶厂与省农科院茶叶所共同申报的项目《白毛茶加工技术规程》获得广东省科技计划资助 20 万元。韶关分院作为农业科技合作平台，架起了省级科技、人才资源与地方实际需求的桥梁，带动和提升了韶关市各级农业科研、推广机构与各类经营主体的农业科研能力，解决了农业产业发展遇到的技术难题。

六、打造推广培训平台，培养"一懂两爱"从业者

一是推广良种良法，促进农业高质量发展。依托省农科院、市县农业推广机构等，分院积极示范推广适宜本地的蔬菜，玉米、花生等作物，猕猴桃、柑橘、百香果等水果以及茶叶等新品种近 100 多个；示范推广瓜类蔬菜栽培新技术、苦瓜高效栽培与病虫害防治新技术、蔬菜安全生产技术、草菇栽培技术、灵芝栽培技术、大球盖菇栽培技术、红白茶加工技术、柑橘水肥一体化技术、番茄水肥一体化栽培技术等 20 余项，大大提高了农业良种良法覆盖率。

二是以技术培训提升农技水平。分院在乐昌、翁源、乳源、仁化、南雄、曲江、浈江等县（市、区）开展各类农业科技培训会、现场指导等 40 多场次，培训人数到 3 000 人次，其中，培训企业、合作社、家庭农场、种植大户等经营主体近 500 人次，培训农户 2 500 人，培训内容涵盖水稻、冬瓜、南瓜、茄子、草菇、柑橘、茶叶等韶关主要农作物品种与种植技术；发放《省农科院主推品种和主推技术》、《广东茶树主要病虫害绿色防控技术》、《非洲猪瘟防控知识问答》、《果蔬加工技术》等技术资料 4 000 多份。通过科技培训极大提高了农业科技成果转化效率和各类经营主体农业生产技术水平，促进了农业产业高质量发展。

韶关分院正立足韶关，放眼未来，以"共建平台、下沉人才、协同创新、全链服务"的院地合作模式，在产业对接、服务地方、科技合作等方面不断取得新进展，有力带动和提升了韶关市各级农业科研、推广机构与各类经营主体的农业科研能力，有效解决了农业发展遇到的技术难题，为韶关特色农业发展和乡村振兴提供了科技支撑，为构建粤北经济强市、和谐韶关贡献独特的力量。

"菠萝的海"智囊军团　托举湛江农业跨越新高度

广东省农业科学院湛江分院

为贯彻落实省委、省政府"三农"工作部署，大力开展科技创新，统筹资源，凝心聚力做好服务"三农"工作，2016年4月8日，湛江市人民政府与省农科院联合共建广东省农业科学院湛江分院（以下简称"湛江分院"），在湛江市农业科学研究院揭牌。四年多来，省农科院湛江分院逐步成为省农科院与湛江市政府、地方企业及地方研究院（所）紧密联系的纽带与桥梁，使得省农科院人才、技术、平台、信息等优势得以充分发挥，为湛江市农业科研、项目建设、人才培养、成果转化提供全方位的科技支撑，从科技振兴"菠萝的海"，到水稻、甘薯、玉米、花生、蔬菜、食用菌等各产业蓬勃发展，院地的无缝对接与合作，有力推动了湛江市特色现代农业发展，取得了系列卓越的农业发展成就。

湛江分院坚持"科技创新、服务'三农'"的理念，立足湛江农业产业发展全局和当地生产实际情况，通过实地调研，制定和推广符合湛江市情和农情的农业发展规划；通过专家带培，培养新型农业专技人才，推动农业管理队伍建设；通过引进推广，建立新品种、新技术、新模式示范基地，加速科技成果转化；在院地的共同努力下，让农业新技术和新品种得以落户湛江，合力建设湛江优势农业产业带，推动打造特色农业知名品牌，进而带动粤西地区农村经济和农业科技水平的发展，引领广东农村农业现代化建设。

一、智囊军团，助力打造现代菠萝产业集群

湛江市是我国最大的菠萝鲜果生产、加工与综合利用产区，菠萝种植面积近50万亩，约占全国菠萝种植面积50％，是湛江典型的优势特色产业。2018年，省农科院和湛江分院参与帮扶广东省首个菠萝产业园——雷州市菠萝产业园建设，菠萝种植面积达4 000多亩。为了加快建立和完善菠萝种

植、加工、销售一体化发展格局，湛江市创建国家现代农业产业园菠萝种植基地，菠萝种植面积达 23.8 万亩，占全市菠萝种植面积近一半，实现年产值 50 亿元，从遭遇"销售寒冬"到再造"菠萝的海"的转变。

为了解湛江菠萝产业的科技需求，湛江分院通过实地考察湛江菠萝产业主体生产情况，形成《湛江菠萝产业发展突出问题调研报告》，为湛江菠萝产业发展提供参考依据。

以省农科院主持承担的广东省乡村振兴战略专项"菠萝产业技术提升项目"为支撑，联合湛江市农科机构，由省农科院果树所和徐闻县锦成农产品种植场合作共建"菠萝优势高效种植示范基地"，开展"巴厘"菠萝地膜覆盖种植、茎叶还田、增施有机肥、防寒防晒、"三减"种植等高效种植技术示范，在解决防控菠萝"黑心病""水菠萝"等关键技术问题上实现初步突破，有力助推湛江市菠萝产业做大做强。

根据《2019—2020 年全省现代农业产业园建设工作方案》、《关于推进广东优势产区现代农业产业园建设的工作方案》，广东省农业农村厅批准建设湛江市菠萝优势产区产业园。在省委、省政府和省农科院的领导下，在湛江市农业农村局的大力支持和指导下，以省农科院果树所、加工所、植保所、资环所专家为技术人才核心，在湛江分院驻点人员协助下，组建湛江市菠萝优势产区产业园专家服务团队，帮扶产业园主体提升一产、加强二产、做大三产，加快湛江菠萝一二三产业融合发展，打造湛江菠萝特色优势产业产品，创建菠萝产业知名品牌，带动全市农业产业发展。

二、协同共举，提升地方科技创新能力

湛江分院积极协助地方企事业单位申报各级项目，以项目为纽带，提高当地产业技术水平，促进分院建设。湛江分院协助湛江市农科院、徐闻县农业技术推广中心、广东杨兴农贸有限公司及省农科各研究所等省、市、县科研单位及企业申报"特色热带水果菠萝种苗繁育基地建设"等科研项目 49 项，总经费 5 233.33 万元；协助地方委托省农科院设立研究项目 28 项。协助院属研究所与当地企业和农技推广部门开展技术合作，服务地方产业。协助院属研究所与当地企业共建研发中心 1 个，专家工作站 4 个，分院蔬菜、

果树、水稻、家禽和种养试验站 5 个，产学研合作等基地 7 个，成功申报省级孵化器 1 项。参与或协助与地方组建广东省农业高新技术企业培育联盟、广东省花生产业技术创新联盟、广东省鲜食玉米产业技术创新联盟、广东省茶产业技术创新联盟、广东省茶叶专业镇产业发展联盟和蔬菜现代种业育繁推一体化创新发展联盟 6 个产业联盟。以产业联盟为媒介，加强湛江企业与企业、政府与企业、科研单位与企业之间的信息交流。积极协助当地政府依靠科技支撑创建广东省现代农业产业园，协助省农科院院属各单位、产业专家服务团对接湛江产业园建设工作，提升省农科院实施乡村振兴战略、科技支撑产业园建设的能力。重点帮扶市龙头企业 2 家，重点协助国家级产业园 2 家，省级 5 家。湛江分院组织、参与、跟进的新建试验示范推广基地 39 家。

三、主动出击，加速农科成果遍挂雷州半岛

湛江分院依托省农科院雄厚的科研实力，采取主动出击的策略，积极到当地企事业单位推广省农科院的科技成果。湛江分院与徐闻昊草农业有限公司等 42 家企业单位签订技术合作协议，其中对接湛江市 2 家国家级农业龙头企业，并参与植保所、蔬菜所等院属研究所与当地 12 家企事业单位签订技术合作协议。分院驻点人员有 3 项科技成果向企业转让。省农科院果树所有 1 项技术入股，占企业股份 30％。分院积极协助当地农技推广部门、企业联系省农科院有关单位及专家开展技术咨询、指导，解决生产上的难题。

通过组织新品种新技术示范展示会、参加湛江东盟农产品博览会、湛江首届番薯大会暨中国北运菜（湛江）辣椒产业大会等宣传推介活动，举办技术培训班和研讨会，大力推介省农科院科技最新成果。参加省农业厅、湛江市农业农村局在湛江市坡头区、麻章区、廉江市、吴川、徐闻等 5 地举行联合主办的大型农业科技下乡活动，共计发放省农科院主导品种和主推技术汇编约 800 份，有关院所技术资料约 20 000 份，极大地提高了当地农业科技水平。

四、用心带培，壮大本地科技人才队伍

湛江分院根据政府、企业的技术需求，组织专家团队，在湛江各区有针

对性地开展农业科技培训工作，据不完全统计，湛江分院在全市组织和参与举办技术培训 50 余场，当地企业、合作社、种养场、学校等相关人员共 3 806 人受到培训，极大提升了湛江职业农民、农业管理人员、技术骨干等的农业科技水平。湛江分院驻点科技人员积极组织省农科院专家及农业科技人员开展学术交流活动，据不完全统计，湛江分院自分院挂牌成立以来共联系院属各研究所、地方企事业单位、市农业农村局及其下属单位互动交流 156 次，共 763 人次，省农科院专家积极为当地乡村振兴产业振兴提供智力支持。

五、出谋划策，高起点助推湛江农业发展

为了解湛江农业企业对农业科技的需求，湛江分院积极与湛江市农业农村局及市县各级推广部门取得联系，根据湛江地区农业产业发展状况，遴选蔬菜、水果、畜牧、水稻、水产等主导（特色/优势）龙头企业和知名企业开展科技需求调研，详细了解企业生产状况及科技需求，撰写调研报告，为实施乡村振兴战略、深化院地、院企合作提供准确信息。湛江分院组织与参与调研 150 余次，完成 31 个调研报告或建议，其中 4 份被市农业农村局、市农科院、民盟市委等采纳，为湛江现代农业、都市农业、乡村振兴等建设提供参考依据。

六、精准扶贫，志智齐扶产业带旺斩穷根

省农科院驻村工作队在省农科院和雷州当地党委政府的正确领导下，扎实推进新时期精准扶贫精准脱贫定点帮扶工作。省农科院驻村工作队高度重视扶贫工作，共投入扶贫资金 280 万元。为洪排村建设村科普文化楼、同心同德文化广场、科普文化长廊、新篮球场，丰富村民精神生活；扶持林下优质鸡养殖项目和家庭庭院优质鸡养殖项目，为村民增产增收；改造村小学基础设施，建立助学金和表彰奖励机制，树立崇学尚学的良好风气；组织农科院专家到村开展技术培训、现场技术指导，增强贫困户自我发展能力；实行"一户一策"帮扶理念，拓宽贫困户增收渠道。实现"输血式扶贫"向"造血式扶贫"转变。四年来，省农科院通过党建引领头雁"领航"，产业发展

与扶志、扶智相结合,注重对农村基础设施与文化设施的帮扶,洪排村党支部战斗力显著增强,村民脱贫致富内生动力全面激发,曾经的"贫困村"转变成如今的"小康村","问题村"蝶变为"文明村",原本软弱涣散的"难管村"成长为基层党建"先进村",达到了"软弱涣散党组织"和"相对贫困村"摘帽的预期目标。

七、固化成果,借力媒介促进宣传

为了更好地宣传农业科技创新、加速成果转化,湛江分院自建分院微信公众号,以工作简讯的形式,长期不懈地坚持推送新品种、新技术及相关工作实效,并与广东省电视台、湛江市广播电视台、湛江日报、凤凰网、南方日报等媒体紧密联系和配合,宣传报道省农科院、湛江分院农业产业帮扶情况。

坚持农科初心　智助好心茂名

广东省农业科学院茂名分院

"科技创新、服务'三农'"是广东省农业科学院的初心和使命，科技创新最终目的是技术成果转化为生产力，服务农业、农村、农民，推动农业朝着现代化方向迈进。根据实施乡村振兴战略、创新驱动发展战略等重要部署，2016年12月，茂名市人民政府与省农科院签署合作框架协议，院市共建省农科院茂名分院（以下简称"茂名分院"），为茂名农业发展注入新动能。茂名分院依托省农科院、茂名市农业农村局、茂名市农业科技推广中心等部门，将以粮食、蔬菜、果树、畜牧和特色农业产业等良种良法引进、试验、示范推广为切入点，开展科技难题攻关、科技成果转化、人才培训、科技咨询等方面合作。立足"科技创新、服务三农"，面向企业、面向产业，发挥省农科院智力资源、科技成果的优势，为"好心茂名"农业增效、农民增收提供科技支撑。

目前，茂名市已围绕粮食、蔬菜、水果、竹木、畜牧、水产、蚕桑、南药、油料、糖蔗十大特色农业产业，成功打造了以优质稻、花生、北运菜为主的平原片粮油蔬产业带；以红心鸭蛋、海水养殖、海产品加工等为主的沿海片海洋经济产业带；以山地鸡、生猪、热带水果为主的丘陵片林果畜牧养殖产业带；以南药、龟鳖、小耳花猪为主的山区林果药龟鳖养殖产业带"四个产业带"。茂名农业经济体量大，发展过程中也存在产业结构不合理、农产品安全管理有待加强、水果病虫害严重、养殖业环境综合治理压力大、农业科技创新能力弱等问题。

为贯彻落实创新驱动发展战略，推动农业科技创新和农业产业转型升级，茂名分院成立以来，依托省农科院科技创新平台，分院驻点人员大力推广农业新成果、新品种及新技术，帮扶茂名农业企业做大做强，提升茂名农业科技水平，助推茂名乡村振兴，在茂名地区取得了较好的反响。省农科院已累计派出科技人员 8 批次，共 21 名（其中博士 13 人，硕士 8 人）常驻茂名分院。派出专家 120 人次来茂名开展农业产业调研工作，剖析茂名农业发展的技术瓶颈问题。派出专家 200 人次来茂名提供技术指导工作，帮助企业解决生产实际问题，为茂名农业发展提供了有力的科技支撑。

一、合作共赢，联手申报科研项目与科技成果

茂名分院成立以来，获横向项目 8 项，转化科技成果 1 项，获政府委托项目 3 项。与茂名农业科研单位、农业企业联合申报省级或市级科技项目 23 项，项目总经费达 1951 万元。茂名分院驻点人员林羡等协助加工所与广东源丰食品有限公司开展科技合作，共同攻克了芒果汁、香蕉汁加工过程褐变严重、风味劣变的问题，完成了企业果汁杀菌和罐装设备升级，提升了芒果汁、香蕉汁产品的品质，相关研究成果获得 2018 年广东省科学技术奖一等奖 1 项。

二、发挥优势，科技支撑现代农业产业园

茂名分院配合茂名市人民政府、科技局以及各级农业农村局调研农业产业发展现状，参与产业园项目申报、材料整理、答辩材料修改等过程，协助茂名市申报获得国家现代农业产业园 1 个（茂名荔枝国家现代农业产业园），国家农业科技园区 1 个（广东省茂名市国家农业科技园），省级现代农业产业园 6 个（高州市荔枝产业园、茂南区罗非鱼产业园、化州市化橘红产业园、电白区沉香产业园、信宜市三华李产业园、高州市龙眼产业园），优势产区省级现代农业产业园 1 个（茂名市荔枝优势产区产业园）。茂名分院以科技支撑产业园建设为重点工作内容，联合省农科院农经所、动科所、果树所、环艺所、蔬菜所等共同参与产业园项目实施方案编制、材料申报等工作，围绕荔枝、龙眼、罗非鱼、化橘红、沉香、三华李等省级现代农业产业园，自主调研茂名市企业 23 次，组织省农科院 8 个专家团队共 66 名专家赴茂名开展科技对接工作，成功与 5 个产业园签订科技支撑框架协议。

三、振兴乡村，实现科技创新成果与农业企业的精准对接

为了加快创新成果转化，助推茂名乡村振兴，于 2018 年 6 月举办"广东省农业科学院茂名市农业科企技术对接启动会"，此次启动会由省农科院主办，茂名分院承办，展示了省农科院 200 项新技术、新成果，邀请茂名 100 多家农业龙头企业、大型专业合作社参会，且选定 12 家茂名代表性农业企业参展，参会人数达 350 人，科企对接启动会上，省农科院各研究所与茂名农业企业签订合作协议 12 份，签订横向项目和成果转化项目 5 个。科企对接启动会召开后，茂名农业龙头企业主动联系茂名分院，联合省农科院各研究所申报科技项目 4 项。此次启动会搭建了省农科院科技人员与茂名农业企业沟通的平台，引导省农科院科技成果与茂名企业精准对接，为深化院地合作打下了良好基础。

2020 年 7 月举办"广东省农业科学院助力茂名乡村振兴活动"，省农院科技合作部、蔬菜所、植保所、果树所、茂名市农业农村局、茂名市农业科技推广中心及相关农业企业参会。活动形式主要包括党建结对共建活动、科企对接仪式、科技专题报告、现代农业技术培训等。本次活动旨在倡议扶持和培育茂名圣女果产业，并以此为抓手全面重振北运菜辉煌，助力茂名乡村振兴。

四、走出五山，将科研成果落在粤西大地上

茂名分院共开展 23 个科技试验，引进农业新成果 36 项，推广水果、水稻、花生、番薯等农业新品种 17 个，推广农业新技术 24 个，为茂名农业科技创新增添了活力，助推农业产业转型升级。2019 年茂名分院配合市政府布展茂名市中国农民丰收节，省农科院作为指导单位、茂名分院作为协办单位，集中展示了果蔬、花卉、作物、畜牧水产等主推品种 45 个，加工保鲜、动医动保等主推技术 32 项，派发宣传手册 850 本，引来大批企业和农民驻足参观咨询，反响热烈。

五、科技下乡，打造服务"三农"新模式

茂名分院围绕"科技创新　服务三农"的宗旨，积极开展科技下乡服务

与基层农技人员培训。为茂名市 64 家企业提供科技支撑与技术对接服务，为茂名市 17 个贫困村提供技术培训，为省级现代农业产业园、基层农技人员、企业、专业合作社、农户举办培训会 36 场次，培训人数达 2 064 名，省农科院与当地农业机构通力合作，打造"省农科院专家＋当地农业机构＋企业＋农户"培训模式，增强基层农技人员科技服务意识，提升一线农业从业人员的科技水平。茂名分院通过网络、报纸、电视台、网络电视、微信平台等多种媒体渠道，向省、市共发布新闻 27 条，强化宣传茂名农业科技发展新动态。

科技深度融合产业　绘就绿水青山画卷

广东省农业科学院清远分院

清远市 2018 年、2019 年蝉联乡村振兴战略实绩考核粤北片区桂冠，离不开省农科院清远分院（以下简称"清远分院"）的科技助力。自 2018 年 1 月 17 日由清远市人民政府与省农科院共同建设省农科院清远分院至今，省农科院通过长期驻点与柔性驻点相结合，派出 200 多名科技人员扎根凤城，一线助农。清远分院在清远市政府的领导和市农业农村局的支持指导下，搭建了清远市农业农村发展与省农科院强大科技资源的无障碍快速通道，创建了科学家与农民深度融合、科技与产业紧密结合、农业灾情病情快速响应的"清远分院"助力乡村振兴新途径，为清远乡村振兴注入强大动力。

一、搭建分院组织架构，完善农业科技支撑大本营

清远分院先后制定了《广东省农业科学院清远分院 2018 年工作计划》、《广东省农业科学院清远分院建设管理暂行办法》（第六稿）、《广东省农业科学院清远分院经费管理暂行办法》等，建立考勤考核制度；召开了分院联席会议，确立分院的发展方向，完善分院组织架构。组织分院人员到各县区开展主导产业现状调研 60 余次，与 100 多家企业、合作社等新型农业经营主体进行对接，形成工作调研报告 5 份。分院论文《坚定推进分院建设，院地共谋乡村振兴》获得广东省农科院党建征文三等奖，论文相关部分见解得到省农科院采纳实施。

驻点人员在分院驻点期间，充分发挥专业技能，参与解决当地农业农村发展问题。2 名驻点人员受邀为市农业农村局发展计划科、畜牧局进行技术服务，获得当地高度肯定；1 名驻点人员获聘为清远市畜禽养殖废弃物资源化利用技术咨询指导团队专家；4 名驻点人员获聘省级现代农业产业园专家。

二、科技与产业紧密结合，为清远九大产业园注入科技动力

自清远分院落地以来，清远分院主动出击，积极作为，组织省农科院专家及人员配合当地开展省现代农业产业园前期调研、申报材料编撰、整理、归类等工作，指导做好应对产业园现场考察的准备工作，为清远市英德红茶、连州蔬菜、清城清远鸡、连南稻鱼茶、阳山县蔬菜、清新区清远麻鸡、清新区桂花鱼等9个产业园的获批建设贡献科技力量。

积极开展省级现代农业产业园建设科技服务工作，2018年率先在全省范围内由分院联合市农业农村局举办了清远市省级现代农业产业园建设推进与培训会议，为科技支撑清远市省级现代农业产业园建设打下坚实基础。先后组织省农科院专家100多人次与清远获批的9个产业园建设主管部门、实施主体等进行了50多次科技服务与对接。

两年多的服务时间里，清远分院拿出了一份厚厚的"成绩单"，推动英德红茶检测服务中心建设，指导连南稻鱼茶产业园生产的红绿茶首次获得"粤茶杯"广东省第十三届茶叶质量推选活动的银奖和优胜奖，建立连南大叶茶优良株系繁育苗圃，为连南大叶茶产业的发展提供了种苗基础；开展连州菜心地方特色品种资源收集，形成1个菜心优质新品种，联合举办连州菜心产业园专家聘任仪式暨技术培训活动。

三、发挥科技引领作用，带动主导产业提质增效

根据清远市农业"3个三工程"工作部署，充分发挥清远分院的纽带功能，联络省农科院各单位与清远各农业部门、农业经营主体等深入沟通交流，搭建多元合作模式，联合攻关，围绕产业发展科技需求，以项目为纽带，配合英德市农业农村局撰写农业农村部《英德市绿色循环优质高效特色茶叶促进项目》获得立项；联合省农科院与广东英九庄园绿色发展有限公司共同打造英红九号"1+N"＋茶农的科技支撑产业模式，率先在全省范围内打造种植业的"温氏模式"，并以省农科院名义提交关于申请"科技帮扶英德红茶龙头企业做大做强"经费支持的请示，获得省长关注并给予专项支持；联合争取省农业农村厅、省科技厅立项项目7项；联合广东鸿雁茶业有

限公司向农业农村部申报的国家茶叶加工技术研发专业中心获批落地英德，是广东省第一个茶叶类国家农产品加工技术研发专业中心。

围绕茶叶、清远鸡、柑橘三大主导产业及特色产业，整合新品种、新技术等科技成果示范应用，提升产业内生动能，促进产业提质增效。大力推进广东生态茶园建设，全市八家企业符合广东生态茶园建设要求，全部入选第一批广东生态茶园认定名单，认定面积达 9 000 多亩，不论是认定企业数量还是面积都在全省地级市中名列第一；并继续在英德、连南等茶叶产区建立生态茶园示范推广点，在英德组织举办"广东生态茶园绿色防控技术培训"，并邀请茶界中国工程院院士陈宗懋先生给予指导并授课。积极联络推动组建广东省茶叶产业技术体系创新团队，清远市 1 家企业（英德八百秀才茶业有限公司）成为示范基地。配合开展广东优异茶树新品种育繁技术成果孵化示范园在清远市（广东德高信种植有限公司）落地建设。积极开展优质鸡品系（黄羽乌鸡）保种、选育、推广等工作，为有效缓解养殖环保压力，充分利用山地资源，在清新区（清远市汇翔家禽养殖有限公司）进行清远优质鸡林下养殖模式试验示范，效果明显；为提升清远鸡综合品质，落实清远鸡营养需要与肉品质调控、清远鸡肉质改良等技术应用（广东爱健康生物科技有限公司），取得初步成效。引进早熟柑橘新品种金葵蜜橘（较砂糖橘早 20 天），配套病虫害综合防控技术，在清城区、清新区、佛冈县、连南县等建立试验示范点应用推广等，有效提升了清远市相关产业的内生发展动能。

四、践行科技为民，输血与造血两手抓

（一）为农业突发事件提供应急解决方案

清远分院成立以来，先后应急处理杨梅树烧伤灾情，为农户挽回近百万损失；应急处理百香果大面积死亡灾情，为精准脱贫保驾护航；应急处理茶园红火蚁侵害，确保茶叶生产正常开展等，受到政府部门、相关农业经营主体、农户等的一致好评。

（二）大力推广农业新品种新技术

清远分院主办《广东省农业科学院与清远市农业经营主体对接启动会》，积极参加清远市的"三下乡"活动等，组建并参与当地农业推广信息平台，

为农民朋友提供科技咨询，展示推广省农科院新品种新技术 200 多项（个），累计在全市建立各类科技成果示范基地 22 个，辐射带动 15 000 多亩，发放各类技术手册 1 000 多本。

（三）切实提高地方农业人员素质

清远分院先后组织省农科院专家 50 多人次到清远开展科技下乡、专题讲座、田间技术指导等活动。以清远市农业局青年人才工作站的青年科技人员为培养核心，组织当地农技推广人员、农业经营主体等到省农科院及河源、东源、佛山、江门、茂名等地方分院、促进中心学习交流，累计培训从业人员、农技人员 2 000 多人次。

五、勇于担当，主动肩负起政府工作的责任

在第六届稻田鱼文化节庆祝中国农民丰收节期间，清远分院主动承办 2019 首届"连南大叶杯"斗茶大赛，制定了《2019 首届"连南大叶杯"斗茶大赛品鉴方法》，开发了具连南特色与科技元素的茶叶包装形象，并在全县范围内推广应用，扩大了连南大叶茶的影响力，提升了连南大叶茶的品牌形象。协助承办首届广东茶叶产业大会系列活动，为"2018 年广东茶叶产业大会春茶品鉴活动"开展《茶叶多次冲泡品评方法》培训，主导了《英德红茶高质量发展和品牌建设座谈会》的会务工作；配合做好 2018 首届全国红茶加工制作大赛暨英德红茶互联网文化节活动等。

同心协力扬帆起　乡村振兴立潮头

广东省农业科学院汕尾分院

汕尾市在 2018 年、2019 年蝉联广东省推进乡村振兴战略实绩考核工作粤东片区第一名，推进乡村振兴工作成效显著。汕尾喜折乡村振兴"双桂冠"是汕尾市委、市政府高度重视农业科技支撑工作的结果，是省农科院创新院地合作模式——精准助力汕尾乡村振兴的"最满意答卷"。

近年来，汕尾市以共建广东省农业科学院汕尾分院（以下简称"汕尾分院"）为纽带和平台，与省农科院建立战略合作，充分利用"共建平台、下沉人才、协同创新、全链服务"的院地合作模式，借助省农科院科技优势，整合资源，引领汕尾科技强农创新热潮，为汕尾乡村振兴添赋新动能。

一、从"借船出海"到"同船出海"，构建"政、研、产"协同合作的新机制

一直以来，汕尾市与省农科院保持着良好的科技合作关系，汕尾市农业的发展充分融入了省农科院的科技支持。自 2014 年，通过市院领导的积极互动和汕尾市委组织部"人才驿站"项目的推进实施，汕尾市农业局加强了与省农科院的联系和合作，借助省农科院的科技资源与人才，较好地推动了全市农业产业和农村经济的良性发展。

随着乡村振兴战略的深入推进，汕尾市与省农科院原有的简单合作模式，已远远不能满足汕尾农业产业全方位升级的迫切需求，科技合作从"借船出海"升级到"同船出海"应时而生。为密切开展合作，补齐汕尾农业短板，推动汕尾乡村振兴，在汕尾市人民政府和省农科院主要领导的主导下，汕尾市人民政府与省农科院签约共建省农科院汕尾分院，并于 2018 年 11 月 14 日挂牌设立。省农科院汕尾分院挂靠在汕尾市农业农村局，省农科院先后派出 12 位高层次科技人员常驻汕尾，同时，按汕尾农业产业科技需求，

安排全院科技人员柔性来汕开展相关技术工作。院地双方以分院为纽带和平台，在更大范围、更宽领域、更深层次上开展农业科技合作，推动汕尾乡村振兴高质量发展。

汕尾分院充分发挥院地合作的"主阵地"作用，将地方政府、院地科研单位、基层推广单位、企业、种植大户"串珠成链"，形成农业政策引导、科技研发、区域试验、示范推广、产业问题反馈、专家点对点服务、二次引导、二次研发……的闭环，构建了"政、研、产"协同合作的新机制。

二、高瞻远瞩，以较高质量的规划蓝图引领相关工作开展

在汕尾市委、市政府和省农科院的领导下，在汕尾市农业农村局的大力支持和指导下，以汕尾分院驻点人员为技术人才核心，院内专家为顾问，组建成立汕尾农业发展规划团队。该团队通过深入广泛调研、找出发展短板，高质量完成了《汕尾市农业调研报告》和《汕尾市农业科研与推广机构调研报告》，就产业发展、科技工作和人才建设等方面提出了许多意见建议，成为市委、市政府决策部署的重要参考依据。

得益于汕尾农业发展规划团队的全程支持和参与，汕尾各级政府从更科学、更前瞻性和可操作性的角度，编制了《海丰现代农业产业发展规划》、《汕尾市华侨管理区现代农业发展总体规划（2016—2020 年）》等 7 个发展规划，厘清了发展思路，明确了各项任务的优先顺序，科学统筹安排了各类资源，在高起点上谋划推动当地农业发展。在 2020 年的乡村振兴擂台赛中，汕尾市农业农村部门和海丰新山村充分听取和接纳了省农科院专家团队的工作指导和策划建议，取得了满意的成绩。

三、"农科天团"进驻，为汕尾农业发展注入持久动能

创新人才战略，促进深度融合，随着省农科院提出"下沉人才""借巢孵蛋""授人以渔"的合作模式，汕尾市政府和省农科院分三个层次，将人才力量渗透到农业发展的各个方面，取得了卓有成效的业绩。一是农科人才下沉到汕尾。省农科院累计派出 12 名高层次科技人员（其中博士 9 人，硕士 3 人）长驻分院，根据需求派出 200 多人次专家柔性到汕尾开展工作。通

过多种人才驻汕的方式大力支持汕尾农业科技力量的提升，有力弥补了汕尾农业科技人才严重不足的短板。二是人才兜底共培共享。在汕尾招聘博士层次涉农高级人才工作中，开创性提出"借巢孵蛋"人才共培育模式，5年后通过工作兜底等激励措施，有效打破了汕尾高端人才招聘难的局面，缓解地方高层次人才招不来、留不住的困局。此外，还通过"导师1对1带教""吸收参加院科研团队"等带培方式，提升汕尾本地人才的科研创新实力。三是着力孵化本土科创平台。在省农科院的协助策划下，2020年6月海丰县政府举办了现代农业"招才引智"暨院地合作活动。海丰县与省农科院共建海丰油占米、茶叶、蔬菜、水果、畜禽等5个产业研究中心，并由院资深专家作为首席专家组成团队，给海丰传统农业插上了科技翅膀；此外，在农科专家深度参与下，先后成功创建汕尾市农业科学院农业试验示范基地、汕尾市乡里巴巴农业发展有限公司"汕尾甘薯种苗基地"和"甘薯脱毒工程中心"等本土科技创新平台。通过"帮一把""推一下""送一程"，使本土人才培养与研发机构建设实现有机结合，给汕尾农业这艘航船注入了可持续发展的新动能。

四、多策并用，着力提升全市农科水平

省农科院以破解汕尾产业发展技术难题为抓手，推进先进科技成果落地生根、开花结果，深化产业共建，加强科技合作，助力突破汕尾乡村振兴发展的瓶颈，在解决问题的同时带动市县农业科技能力提升，为汕尾现代农业发展积蓄科技力量。

一是集聚院地优势科技资源，破解产业科技"卡脖子"难题。根据汕尾市农业产业发展的科技需求，省农科院组织了种植、畜牧、水产等专家团队针对汕尾农业产业难点、痛点开展科研攻关。针对性地开展荔枝高接换种及配套栽培及加工技术集成推广、莲花山茶叶品质综合提升关键技术研究与推广、优质食用型甘薯健康种苗繁育与栽培技术标准化研究推广、海丰菜心风味富集关键技术研究与推广、南药牛大力和粉葛的品系选育与栽培研究，相关工作取得了显著的成效；在畜牧、水产等产业采用专家线上指导与线下服务形式为广大养殖户排忧解难，为养猪企业复产提供技术支持。

二是助培结合，带动提升汕尾市农业科技能力。通过汕尾分院的组织协调，省农科院专家协助组建了新的汕尾市农科院，带动海丰县农科所，开展全市农科力量培训等（全市目前只有 2 名副高职称人员）。在主持汕尾市四个农业科技专项中，每个省农科院项目团队均至少配备 1 名汕尾科技人员，起到"传帮带"的作用。

三是以项目合作增强产业发展后劲。近两年，以汕尾本地农科机构、企业为项目承担单位，省农科院为技术支撑单位，汕尾市农科院、汕尾市绿汇农业有限公司等公司联合省农科院共同承担了省科技厅、省农业农村厅"一村一品"、汕尾市省级科技专项资金项目 10 余项，金额 800 余万元，通过深度合作，产学研协同创新效应得到充分发挥，项目进展顺利，项目效应十分显著。

五、因势利导，为农业产业兴旺保驾护航

通过细致分析企业优势与短板，积极对接需求企业，通过科技支撑产业园建设、申报国家农产品地理标志登记保护产品等为载体，为汕尾农业产业量身打造一系列提质增效的服务方案，提升产业发展科技水平，打造汕尾农业品牌，提升农业产值，助力农民增收。

一是以全产业链理念，为产业园建设提供以需定供的技术支撑。对海丰蔬菜、陆丰萝卜、陆丰甘薯、海丰油占米、海丰丝苗米、陆河青梅 6 个省级产业园建设提供坚实的科技服务，打造出科技支撑海丰蔬菜产业园建设的"海丰经验"。同时参与市级产业园的评审及建设指导，确保市级产业园和省级产业园的无缝对接和有效延伸。

二是协助海丰县打造全市农业品牌建设先行点。全力帮助海丰县成功申报"海丰油占米"为国家农产品地理标志登记保护产品，成功将"海丰莲藕"等收入全国名特优新农产品名录，协助海丰县策划并成功举办了"海丰县首届稻米暨农业产业发展大会"，制订了海丰油占米地方标准。目前，海丰油占米品牌已初具名气，销售单价每千克增值 4 元以上，种植户每亩增收 300 元以上，为农民增收提供了实实在在的贡献。

三是协助华侨管理区完善产业链条打造精品高值农业。以推广种植高值

优质作物品种、改进加工和销售为主，带动二三产业发展，初步完善了产业链，企业竞争能力显著提高，农民收入逐步增加。推广了荔枝高接换种技术，将部分低端品种替换成仙进奉、冰荔、凤山红灯笼等特优质品种，仙进奉荔枝 2020 年批量挂果后售价保持在 120 元/千克以上。推广了"白玉油甘"等脆甜油甘品种，售价维持在 240～300 元/千克。引进了沃柑、默科特脐橙、苹果芒优质水果品种，农业种植结构得到改善，特色水果品牌建设初见成效。

四是协助陆丰市提升甘薯产业发展质量。 成功举办"中国陆丰甘薯产业发展大会"，筹划成立汕尾市甘薯产业协会，建立汕尾市甘薯种苗脱毒工程中心，补齐甘薯产业链的短板。

六、精准帮扶，有效提升农业企业的核心竞争力

省农科院在服务汕尾农业的过程中，为部分企业出谋划策，从产业园建设、企业发展方向到具体的技术指导提供了全方位的服务，力求精准到位。例如指导植物龙陆丰生态农业有限公司、汕尾市乡里巴巴农业发展有限公司开展甘薯脱毒种苗生产、指导广东中荣农业有限公司（海丰）等进行油占米品种的引进及繁种、指导汕尾市合利农业发展有限公司进行蔬菜产业园建设信息化提升、联合汕尾市鼎丰农业生态有限公司审定"白玉油甘"新品种并示范推广等，都大大提升了相关企业的核心竞争力，使之成为汕尾农业经济领航者。

同心协力方可乘风破浪，通过院地合作这一新模式，省农科院专家团队在汕尾农业发展中得以大施拳脚，践行了"科技创新、服务'三农'"的建院宗旨；在省农科院的助力之下，双方实现院地共谋发展，人才、产业齐兴旺的既定目标，汕尾农业逐步展现了"瓜果飘香、禽畜兴旺、龙腾鱼跃"的新景象。相信在乡村振兴的发展浪潮中，"汕尾明珠"号将劈波斩浪立潮头，行驶得更快、更稳、更远。

科技助力 擦亮湾区农业"肇"字品牌

广东省农业科学院肇庆分院

肇庆是粤港澳大湾区中面积最大的地级市，约占大湾区总面积的三分之一，农业资源丰富，是广东重要的农业产业基地。2019年2月，肇庆市委、市政府出台了《肇庆市实施现代农业发展"611"工程五年（2018—2022年）行动方案》，围绕乡村产业振兴，以推进农业供给侧结构性改革为主线，目标打造粮食、水果、蔬菜、畜禽、水产、南药等6个年产值超100亿元的产业集群，作为推动全市乡村产业振兴的核心支撑；创建12个以上省级现代农业产业园，同步创建省级以上农业科技园；新增100家市级以上农业龙头企业。前段时间广东省委实施乡村振兴战略领导小组对2019年度推进乡村振兴战略实绩考核，肇庆获评"优秀"等级。

实施乡村振兴战略、推进农业供给侧结构性改革离不开强有力的科技支撑，本着"真诚合作、优势互补、协同创新、互利互享、共同发展"原则，2019年7月31日肇庆市人民政府与省农科院签约、挂牌启动省农科院肇庆分院（以下简称"肇庆分院"）共建工作。之后一年多来双方以分院为平台在各农业产业方向开展科技合作，有力地支撑肇庆市农业产业发展和乡村振兴，助力肇庆向农业产业强市跨越发展。

肇庆分院以肇庆市农业科学研究所作为共建依托单位，省农科院已陆续派出水稻所、监测中心、加工所、作物所、植保所等五个研究所的7位高层次科技人员常驻肇庆，通过分院驻点专家联系全院相关科技人员按肇庆市的农业科技需求开展技术支撑工作。在肇庆市委、市政府和省农科院的领导下，在市农业农村局以及共建单位市农科所的大力支持下，分院在成立时间并不太长的情况下做出了卓有成效的工作。

一、组建平台，开拓进取初见成效

肇庆分院定位为"政府部门、科研单位、农业经营主体"三方交流、合作、互惠互利、共同发展的平台，分院驻点人员及时协调对接三方，做好联络员、技术员、推广员的工作，充分发挥肇庆分院平台作用，全方位服务肇庆现代农业发展、省农科院科技成果推广。

肇庆分院成立以来，按照肇庆市"三农"工作整体部署和现代农业发展的科技需求，结合农业供给侧结构性改革、乡村振兴战略及"一村一品，一镇一业"建设，围绕肇庆现代农业发展"611"工程，充分用好"政科企"合作新机制的优势，高效整合资源，有针对性地组织院地专家开展了产业调研、产业规划与园区服务、科研攻关、集成技术推广、科技成果转化、人才培养和技术培训等大量工作，为肇庆乡村振兴增添新动能。

农业产业园是乡村振兴、产业发展的龙头抓手工程，分院全力服务现代农业产业园科技发展，推动省农科院相关研究所专家对接入园企业，与市、县农业农村局及时开展对接和全程跟踪服务。协助编制《肇庆市沙浦现代农业科技示范园总体规划》，打造肇庆农业科技发展高地；为肇庆市申报生猪省级现代农业产业园、广宁肉鸽省级现代农业产业园出谋划策并帮助其成功入围。截至目前肇庆市已成功申报10个省级农业产业园，其中省农科院参与了其中8个产业园的规划和建设：高要区南药产业园、省供销社怀集丝苗米产业园、德庆县南药产业园、封开县杏花鸡产业园、四会市砂糖橘产业园、怀集县蔬菜产业园、广宁肉鸽产业园（2020年）、肇庆生猪产业园（2020年）。

除了为产业"龙头"——现代农业产业园提供科技支撑，分院同时系统化、大规模的对接服务肇庆市各县的产业"龙身"——农业龙头企业，以及作为农业产业"龙尾"的一村一品实施主体——其他新型农业经营主体，并及时提供其所需的科技支撑。目前已对接国家级龙头企业1家、省级龙头企业18家，市县级龙头企业、合作社60多家。分院开展系统化、大规模的高效对接和服务，加强了与地方政府部门及企业的沟通与联系，为今后工作的进一步开展奠定了基础。

2020年年初抗击疫情特殊时期，肇庆分院人员参与编写《战"疫"进行时 科技助春耕——2020年春耕生产技术要点》等有关抗疫复产科技资料，及时发送电子版给肇庆各县区农业行政主管部门，用于指导当地抗疫复产工作。在疫情稍缓解后，肇庆分院积极配合省农业农村厅、联合肇庆市农科所承办"2020年广东春耕农技下乡暨丝苗米新品种机插秧现场会"，为各县（市、区）农业农村局及时提供一大批技术资料，促进春耕生产与复工复产，为春耕生产提供了科技保障，受到一致好评。

同时，加大对肇庆农业产业、品牌等的宣传推广力度，累计在学习强国、广东电视台、肇庆电视台、南方农村报、新浪网站、澳门日报、省农科院网站等各种媒体采用多种方式发布相关新闻报道50多篇，推动社会各界关注肇庆农业产业、企业、品牌、科技的发展。

二、协同创新，推动全链转型升级

大力实施科研合作和科技攻关，加快推动肇庆产业转型升级。落实院地共建协议，组织实施各类科研项目，实现肇庆农业技术需求与省农科院无缝对接。目前肇庆分院协同肇庆市农科所（分院共建依托单位）开展省农科院的共建项目、推广项目及驻点项目共9个，联合省农科院各专业研究所申报储备项目8个。

习近平总书记对广东提出"四个走在全国前列"的要求，迫切需要加快科技创新强省建设、区域协调发展战略。分院牵线搭桥，基本确定省农科院动卫所、加工所、植保所、监测中心、水稻所、果树所等7个单位作为省实验室肇庆分中心的主要承建单位，为多个产业提供全产业链的科技支撑。肇庆分中心是岭南现代农业科学与技术广东省实验室的重要网络支路，是农业科技创新成果转化应用的有效补充，为今后肇庆农业科技大踏步发展支撑产业、为省农科院技术和成果在肇庆大规模产业化落地打下良好基础。同时，申报组建肇庆分院农村科技特派员工作站，促进省农科院专家团队高效、全方位服务肇庆农业产业。

开展水稻丝苗米、甜玉米品种联合选育研究和果树新品种引种试验，建立水稻丝苗米、南药、甜玉米品种示范基地4个，推动科技成果在肇庆市转化落地。同时，联合农业龙头企业及相关科研单位开展动物防疫、绿色植保、农产品加工、农产品公共监测等科技攻关，全产业链开展科技支撑工作，为肇庆产业转型升级注入新动能。

三、培训交流，着力提升农科水平

深化科技交流合作，全面提升肇庆市农业科技发展水平。结合肇庆农业产业布局和发展情况，邀请省农科院专家开展新成果、新品种、新技术展示推介和培训工作，已展示水稻丝苗米品种 26 个、甜玉米品种 6 个、蔬菜品种 18 个、水稻栽培新技术 2 个。联合广东省农业农村厅、广东省农学会、肇庆市农业农村局、肇庆市农科所等单位举办"丝苗米品种观摩会" 4 场；协办肇庆市 2019 年"中国农民丰收节"，派发资料 1 000 多份，推介成果 30 多个，辐射带动人数约 2 000 人。组织开展农业经营主体、基层农技推广体系多种类型技术培训，培育发展新型职业农民，推动现代农业产业技术体系创新团队建设。逐步加强本土化的农业科技队伍力量，加快肇庆农业产业升级。

四、三产融合，助力打造"肇"字品牌

鉴于很多农业企业都存在种植、养殖初级农产品，缺乏品牌意识和品牌溢价，企业利润低，抗风险能力差等问题，大力推进农产品加工科技创新与产品增值、促进肇庆一二三产融合发展、擦亮"肇"字号区域农业品牌迫在眉睫。目前肇庆分院联合省农科院加工所以及其他多个专业研究所在多个县区、多个产业的多个企业开展对接交流以及初试产品研发，未来有望为肇庆农业一二三产融合增值贡献自己的力量。

通过引导，部分企业已逐步开始重视品牌打造和宣传，逐步提高"肇"字号品牌影响力和知名度，促进肇庆农业产业做大做强。品牌打造过程中，农产品质量安全体系的打造和各种资质的申报也非常重要。目前已经联合省农科院监测中心，积极参与到肇庆创建国家农产品质量安全市的工作中。同时，推动各县、区创建省级名牌产品、有机食品、绿色食品、地理标志农产品、名特优新产品的申报工作（目前怀集韭菜花、广宁赤坑砂仁、德庆贡柑等一批农产品都在合作申报相关资质过程中），将逐步为打造一批品质好、叫得响、市场占有率高的农业品牌打下坚固的基础。

创新驱动发展　服务惠州"三农"

广东省农业科学院惠州现代农业促进中心

省农科院贯彻落实中央、省有关乡村振兴和农业高质量发展的决策部署，探索构建"共建平台、下沉人才、协同创新、全链服务"院地合作模式。2016年12月22日，省农科院和惠州市人民政府签订《全面战略合作框架协议书》，共同成立了省农科院惠州现代农业促进中心（以下简称"促进中心"）。围绕惠州特色农业产业开展，依托省农科院的科技与人才资源，持续深化院地、院企合作，精准链接省农科院专家团队，在农业科技创新、科技成果转化、农业人才培训、提供农业管理效能及产业扶贫等方面积极开展工作，为惠州乡村振兴添新动能，助推惠州产业兴旺。

一、创新平台机制，人才下沉强化院地科技融合

一是"1+6"模式在各县区逐步搭建基层工作站平台。先后在惠州市农科所、博罗县农业科技示范场、惠阳农科中心、惠城区农科所、龙门县农科所和惠东县农科所建设6个促进中心地方工作站，科技服务以促进中心为原点向各县区辐射，加强业务指导，充分发挥基层工作机构能动性，有效对接省农科院科技成果，成功试验示范了水稻、甘薯、蔬菜、甜玉米、花卉等几十个新品种以及完成北菜南种试种试验等，发挥作用效果显著。二是农科人才下沉深入调研，加强与地方融合。三年多来，累计派出10名高层次科技人员常驻促进中心，并联动省农科院院所专家团队柔性服务开展科技下乡。以解决问题为导向，有的放矢做调研，保持与各级农业部门的有效沟通，以双向解决问题、提供信息资源为基础，建立合作互信，建立以培训为基础的"点对点"调研模式。促进中心走访涉农企业、合作社100余家，并有针对性地与企业开展科技合作。

二、院地联合科企联动，推动项目申报助力科技成果转化

一是深化院地合作，助推科技创新。推动地方农业主管部门或企业申报农业科技项目，促进地方与省级科研机构合作，争取各级政府财政资金支持，以促进中心名义申报或者合作申报并立项的项目有 10 余项。如博罗县的中央基层农技推广补助项目、博罗县畜禽废弃物资源化利用整县推进项目、西南及南方抗逆高产耐瘠薄玉米新品种培育项目、化学肥料和农药双减项目、广东薯稻稻三熟农作物及耕地培肥项目等。二是发挥纽带作用，促进科技成果转化。通过项目合作形式，推动省农科院科技成果、技术和人才与惠州农业的深度融合，开展院地联合科技攻关项目 40 多项，促成省农科院在惠州地区建设示范基地 25 个。联合惠州农业主管部门、科研院所、企业等部门积极申报农业主管部门基地、孵化器，协助省农科院下属 15 个科研机构开展落地惠州的项目。省农科院已向惠州市引进示范推广农作物（产品）品种近 80 个，提供合作技术实施近 100 项，并对相应品种技术做田间生产技术指导。

三、"管家式"全链服务，高效推动现代农业产业园落地

促进中心建立引荐（发现契机，牵线搭桥）—难点攻关（协助院所专家与地方政府、企业沟通突破难点）—跟进落实（定期敦促各方推进项目进展）的全过程"管家式"产业园对接服务模式。对接水稻所、蔬菜所、茶叶所、农经所、作物所、监测中心等省农科院下属科研机构为惠城区、惠阳区、博罗县、龙门县、惠东县申报建设省级现代农业产业园提供科学技术支撑。最终在省农科院提供全产业链的科技服务下，惠阳区蔬菜产业园、惠城区丝苗米产业园、龙门县丝苗米产业园、惠东县蔬菜产业园、博罗县南药产业园、龙门县胡须鸡产业园、惠东县马铃薯产业园均获批省级现代农业产业园、惠州花卉获批市级现代农业产业园。上述产业园建设实施主体与省农科院签订了科技支撑协议，双方开展密切的科技合作。

四、助力地方智库，开展人才交流培训

一是创新培训形式，组织专家深入田间地头，三五成群指导生产。依托

省农科院专家团队力量，根据地方需求，先后组织水稻、甘薯、马铃薯、茶叶、水果、蔬菜、花卉、植保等专家团队到惠州开展人才技术培训工作，省农科院专家团队累计在惠州地区举办培训 30 多场，培训服务超过 3 000 人次，反响热烈。二是"请进来、走出去"模式人才素质培训。省农科院专家到地方进行科技工作交流，邀请惠州农业主管部门、企业、合作社等相关农业人员到省农科院开展合作交流，共同推进院地合作。三是探索建立地方特派员工作平台。对接惠州市科技局与省农科院科技服务合作，共建惠州市科技特派员平台，为地方智库建设开拓思路，并助力地方申报省级科技项目。

五、"广东海纳经验"——院企"联姻"打造院地合作示范样板

在惠城区丝苗米产业园（实施主体为广东海纳农业有限公司），以省农科院院长陆华忠挂帅，成功打造了"充分发挥政（地方政府）、产（企业）、研（科研院所）平台优势，创新人才下沉机制，联合多个科研院所院士、专家团队协调创新，提供从品种、技术、加工、质量安全监测到企业综合实力提升的全产业链科技服务"的省农科院院地合作模式示范样板。通过院地院企合作，搭建平台，创建模式，联农带农，发挥产业园的标杆带头作用，同时显著提升了企业综合实力，营业收入逐年递增。"广东海纳经验"的院企合作模式深度诠释了省农科院院地创新合作模式十六字方针。

一是共建平台优势凸显。合作共建科技研发中心（广东农科海纳农业研究院），实现省级专家团队与产业深度融合，形成产业发展、成果共享与技术提升的合作新模式。同时依托省农科院科技成果转化平台，为企业海纳子基金提供融资资金全程跟踪服务等专业金融服务，以及为海纳公司的运营管理、品牌提升提供专业企业管理服务。

二是创新人才下沉机制。目前为止，派出 8 名省农科院科技人员常驻企业，直接参与产业园的农业科技服务、科技成果推广转化工作，实时解决一线生产实际问题。院长带队组建全产业链专家团定期到产业园开展科技对接，对接服务超过 30 次，同时联动惠州促进中心科技人员柔性驻点，为企业提供科技服务。

三是开展联合科技创新。省农科院联合中科院南京土壤所、中山大学、

华南农业大学、广东省生物资源应用研究所等多个科研院所院士、专家团队，创建天敌昆虫与资源昆虫繁殖中心、有机农业联合实验室、院士工作站、博士工作站等平台；承担了省市科研项目 3 项，获得发明专利 5 件、实用新型专利 2 件、外观专利 3 件，制定市级地方标准 2 项、企业标准 8 项，获得省农业技术推广奖一等奖 1 项，省科技奖二等奖 1 项，惠州市及区的科技奖共计 5 项。

四是全产业链服务。引进及展示水稻等优良品种 68 个（次），根据展示品种在产量、品质和抗逆等方面的综合特征筛选出潜在的、适宜惠州种植的最优品种。在生产方式与技术方面，省农科院提供了品种提纯复壮技术、增香技术、测土配方和三控施肥技术、生态立体种养技术、全程机械化关键技术、免耕抛秧技术、绿色防控生产方式等系列技术，实现了水稻提质增效，节省了大量人力物力。在加工方面，以稳定化米糠为原料，研发了高纤维速溶粉、糙米纤维粉、GABA 米茶等多款营养产品；在仓储技术方面建立了标准信息数据库和稻米质量安全全程管控体系，并在省农科院指导下建立稻米检测实验室。

顶层谋划五邑农村　全链服务江门农业

广东省农业科学院江门现代农业促进中心

2016 年 8 月 30 日，江门市人民政府与省农科院签订《战略合作框架协议》，共同成立了广东省农业科学院江门现代农业促进中心（以下简称"促进中心"），重点围绕江门特色农业、园区农业、现代种业、农产品加工流通业和旅游农业等产业，联合开展专项合作，开启了院地合作的新尝试。

促进中心自成立以来，始终坚持以习近平新时代中国特色社会主义思想为指导，紧紧围绕乡村振兴和创新驱动发展两大战略，持续深化院地院企合作，积极开展农业科技创新和成果转化，推进科技兴农，为加快实现江门市农业高质量发展提供了强有力的科技支撑。促进中心聚焦江门农业农村整体性、长期性、基本性发展问题，强化顶层设计，高质量谋划江门农业农村发展，"十三五"期间编制江门市及各区市农业发展规划、乡村振兴规划、中长期发展规划等纲领性规划超过 20 篇，编制新会陈皮国家级现代农业产业园、鹤山红茶省级现代农业产业园、杜阮凉瓜小镇田园综合体（省级）等重要产业园或综合体规划，全力打造江门地区特色农业品牌。促进中心关注农业生产、加工、贮存、流通的整体发展链条，为产业园、龙头企业提供全产业链服务。截至目前，累计推广省农科院水稻、玉米、花卉、香蕉、菠萝等优良新品种 30 余个，相关的栽培技术 10 多项，建设农产品网络营销平台 2 个，推动签约互动项目 20 余项。

一、强化江门农业农村发展顶层设计

深入江门，高质量完成《江门"十三五"农业现代化规划》、《江门市粤港澳大湾区高质量农业合作发展三年行动方案》和各区市的"十三五"农业发展规划、农业中长期发展规划、乡村振兴规划等江门市农业农村发展的纲领性规划项目二十余项，并与江门市农业局和各区市农业农村部门签订"十四五"现代农业规划编制协议。

完成新会陈皮国家级现代农业产业园、鹤山红茶省级现代农业产业园、杜阮凉瓜小镇田园综合体（省级）等重大产业园或综合体项目的顶层规划工作，并为台山鳗鱼产业园、开平家禽产业园的建设提供智力支持，利用省农科院前沿专家团队支撑江门市现代农业产业园建设。

协助江门打造"新会陈皮""台山大米""开平马岗鹅""鹤山红茶""恩平簕菜"等一大批地标、有机、绿色、无公害农产品品牌，全力打造开平马冈鹅、开平皮蛋、新会陈皮、新会柑茶、鹤山红茶和台山大米 6 个省特色农产品优势区，助力江门农业品牌建设。

二、全产业链服务江门农业发展

促进中心持续性、高频次组织专家前往江门市农业企业生产一线开展指导工作，并积极筹划、联络各专业所与地方企业共建新型科研机构。驻点工作人员与企业建立长期通畅的沟通渠道，保证即时解决企业生产、加工、贮存、流通全流程的问题，保障农业企业健康的生产和运营。

促进中心定期组织稻米、柑橘、畜牧、水产、蔬菜、花卉、南药等专家前往农业企业开展调研，为江门创建现代农业产业园提供全产业链服务，与恩平丝苗米产业园相关企业中农蓝（广东）农业有限公司、广东恩穗农业有限公司共建产学研合作基地。分别与江门市明富粮油食品有限公司、开平永祥生猪养殖基地（年产生猪 10 万头）、鹤山依存辣木产业基地、江门市祥发农副产品流通专业合作社、江门正顺现代农业科技有限公司（江门长廊生态园）等农业企业签订了合作协议并挂牌。在新会和开平建设陈平和禽蛋专业网络直播营销平台，在疫情期间为江门农产品销售做出巨大贡献。

促进中心与江门市明富粮油食品有限公司共建"江门明富生物技术研究院"，与广东天之源共建"谷物食品研究院"；与广东华滨世界之康健康产业有限公司共建"江门市世界之康健康食品生物科技研究院"；与江门畜牧兽医站（防疫中心）创建"动物疫病远程诊疗中心江门分中心"和"粤港澳大湾区水禽产业创新研究平台"；与恩平茶花园和台湾古树茶花公司达成合作意向，共同筹建"海峡两岸古树茶花研究院"。围绕这些新型研发机构，省农科院委派专家柔性驻点，为地方政府与农业龙头企业提升核心竞争力及塑造著名品牌提供技术支撑及贴身服务。

驻点工作人员及时收集企业在生产方面存在的问题，通过电话、微信等方式快速向省农科院专家团队寻求协助，并及时将反馈信息转发给企业。截至目前，累计走访企业超 100 家，为企业解答各类专业问题 500 条以上。

三、加强科技推广力度，助力乡村振兴

促进中心积极协调省农科院，连续四年协助举办江门春耕生产现场会，参与举办 2017 年江门农作物新品种展示会、第六届江门市农业博览会、"2019 年中国农民丰收节"等多场次大型活动，获得省委、省政府的高度认可。如在 2020 年春耕生产现场会中，在疫情防控的严峻形势下，省农科院配合江门市政府，为农民和各类农业经营主体有序下田、分时下地、分散干活提供科学指引，全面推进春耕备耕生产各项工作，相关报道在中央电视台、美国三藩市星岛日报等国内外多家媒体播报 10 余次，反响热烈，大大提升了"江门农业"在全国乃至全世界的知名度。通过多年的项目共建和推广实施，促进中心已累计推广省农科院水稻、玉米、花卉、香蕉、菠萝等优良新品种 30 余个，相关栽培技术 10 多项，丰富了江门市农业品种结构，加快了江门市现代农业的发展。

四、科技创新驱动江门市农业高质量发展

促进中心全面推进省农科院与江门市所签订协议（合约）的 37 个项目的跟踪落实工作，协助农业龙头企业成功申报各级财政项目 4 项，协助省农科院相关单位与江门各级政府、企业签约互动项目 20 余项。落实与省农科院恩平专家工作站、丽宫专家工作站及江门蔬菜专家工作站的对接工作。推动发挥各专家工作站的作用，组织省农科院水稻、蔬菜、花卉园林、果树、玉米、马铃薯、南药、土壤肥料、蚕桑、食品加工及检测等方面的科技特派员赴江门市开展科技下乡和技术培训，为各类农业经营主体发展献计献策，送技术、送服务。组织专家提供专项技术服务应对突发性自然灾害或公共卫生安全事件。2018 年台风"山竹"过后，促进中心迅速与省农科院组织专

家实地指导灾后复产工作；2019 年猪流感疫情暴发后深入养殖企业和合作社提供生猪防疫技术指导，派发生猪防疫知识手册 20 000 余份；新冠肺炎疫情发生后，省农科院立即组织专家编撰春耕复耕指导手册，通过促进中心平台第一时间派发 20 000 多册至江门市各级农业生产和行政部门。

五、加强人才队伍建设，提升自身服务效能和服务水平

为做好提升服务水平，近年来促进中心多次与佛山分院、梅州分院、韶关分院、惠州现代农业促进中心开展交流互动，参加梅州分院、韶关分院、惠州现代农业促进中心组织举办的各种培训活动，学习先进经验，着力提升农业促进中心的业务水平。多次组织江门市农业管理部门领导、江门市农业科技创新中心和江门农业龙头企业等有关人员与省农科院相关研究所、良种场等开展互访交流，拓展合作领域。积极参加省市组织举办的各种博览会、展示会，如广东省现代农业博览会、种博会、佛山市良种良法展示推广等活动。组织省农科院专家参加新会第四届陈皮文化节、恩平良西第二届"四薯"美食节，以及省有关部门组织举办的"三下乡"、科技下乡等活动。

科技强农"下工夫" 院地合作显实效

广东省农业科学院潮州现代农业促进中心

现代农业技术的发展离不开科技力量的支撑。为贯彻落实创新驱动发展战略，推进潮州科技强农工作部署，在潮州市委、市政府主要领导的大力推动下，2018年7月，潮州市人民政府与省农科院签订《全面战略合作框架协议》，成立省农科院潮州现代农业促进中心（以下简称"潮州促进中心"）。自成立以来，省农科院以潮州现代农业促进中心建设为纽带和平台，以现代农业产业园的科技对接为抓手，以提高农业质量效益为核心，提供全产业链专家服务团队，强化产业关键共性技术研究与产品技术开发攻关，在特色农业、设施农业、生态农业和农业产业化等方面提供全方位科技支撑，帮助潮州有效解决现代农业发展中遇到的技术瓶颈问题，推动质量兴农，打造区域品牌。

近年来，潮州市围绕实施乡村振兴战略总要求，深化农业供给侧结构性改革，调优农业结构布局，基本形成了茶叶、果蔬、南药和狮头鹅产业基地等一批特色优势农业产业带，研发了一批区域性优势产品，"凤凰单丛茶""岭头单丛茶"为农产品地理标志产品，凤凰单丛茶文化系统被农业部评为"中国重要农业文化遗产"。农业生产逐步迈向高质高效发展，成效良好。

随着城镇化水平的不断提高和经济发展速度的不断加快，潮州农业发展也存在规模化、集约化水平低，产业链不完善，农业品牌不多，农产品市场竞争力不高，农业科技创新乏力，科技贡献率不突出，农业科技水平整体落后等问题。同时，随着工业化、城镇化加速推进，潮州农业资源环境约束趋紧，保安全和保供给的压力不断加大，特别是飞速发展的科技进步，人工智能和"互联网＋"对潮州市传统农业产业的冲击逐步加剧，面对机械化、专业化、规模化生产，潮州传统农业产业迎来转型升级关键时期，迫切需要科技支撑服务。

一、精准把脉、科学施策，促进产业提质增效

乡村要振兴，产业振兴是基础。潮州促进中心以做强潮州茶叶、特色水果、花卉苗木、南药、狮头鹅等特色产业，做大农产品加工、电子商务、休闲农业、田园综合体等新产业为纽带，围绕打造特色优势产业产品，创建"潮字号"农业知名品牌为目标，深入调研，精准把脉，提出科学对策，带动产业振兴。省农科院茶叶所立足饶平县茶产业绿色发展优势，帮助饶平县茶叶产业园提高茶叶种植管理技术，开展病虫害绿色防控，推广节能环保技术和施用生物有机肥等，在广东省首批现代农业产业园中，其成为潮州市2018年唯一入选的产业园。并以此为契机，加大推进生态茶园构建的力量，帮助潮安区凤凰单丛茶产业园也成功入围省级现代农业产业园，目前，潮州市共有5个省级现代农业产业园建设项目。针对潮州2019年度罕见的旱情，潮州促进中心组织茶叶、植保、资环方面专家开展旱情对潮州古茶树的影响调查，为潮州市农业农村局发布旱情预警、规范单丛茶种植模式等方针政策的颁布提供有效依据，并积极开展松针提取液在茶树上应用布置试验、鸡球虫四价疫苗等多重鸡球虫病组合应用技术田间试验，切实为农户解决科技需求问题。

二、潜心探索、研产结合，提升产业科技水平

省农科院加工所联合饶平县浮山镇农业服务中心、农业技术推广中心申报的"蓝莓和柿子加工关键技术创新和产业化应用"获2018年度广东省农业技术推广奖一等奖，有效解决了鲜果缺乏加工、附加值低的科技瓶颈问题；以省农科院茶叶所的科技成果"优质高效生态茶园栽培关键技术集成与应用"为主导，结合茶叶生产和加工技术等，在饶平兴记茶厂和饶平县永成生态茶叶有限公司等企业进行"茶园化肥农药减施增效技术推广""广东生态茶园建设与管理技术推广"，企业茶叶品质显著提升；与潮州市恒泰农业有限公司、潮安区赤凤镇炜业茶园分别签订科技成果转化科技服务协议，深化了科技成果转化应用，互惠共赢；指导潮安区赤凤镇炜业茶园制作的"北在篮牌鸭屎香"茶叶品质获得中国茶叶学会五星名茶品质标准评价。

三、牵线搭桥、人才下沉，提升科技合作关系

自共建潮州促进中心以来，省农科院先后派出茶叶所、基因中心、农经所、动卫所、监测中心、作物所、加工所等单位合计9位高职称高学历人才驻点潮州，构建信息平台，以科技专家团全产业链服务形式为潮州农业提供全方位的科技支撑。当前，根据潮州主导和优势产业，推进实施了农业技术推广项目6个，项目经费超过50万元；促进中心建设项目2个，项目经费40万元；乡村振兴战略专项1个，项目资金125万元；企业横向课题1个。同时，先后组织省农科院各研究所与广东省龙头企业广东立兴农业开发有限公司、潮州市佳珍茶业有限公司、潮州市伴云茶业有限公司、潮州潮安区赤凤镇炜业茶园、潮州市恒泰农业有限公司、潮州市开发区鸿浩家禽养殖场等6家企业签订了合作协议或建立技术示范基地，为进一步推进单丛古茶树资源保护、茶树绿色防控试验示范和优势畜牧产业带发展奠定了基础。

近年来，促进中心在潮州各县区组织一系列科技下乡、科技培训等活动，先后开展了潮州农业生产种植技术技能培训班、茶树优质栽培生产技术培训班、潮州单丛茶标准化生产技术、茶树病虫害绿色防控——无人机统防统治应用示范培训、茶叶机械化生产技术培训会、冬季茶园管理深改施机肥培训、苦瓜及辣椒高效栽培技术、"三品一标"与农产品安全、非洲猪瘟防控生物安全技术培训等，辐射5 000人以上，派发科技资料3 800册以上，赠送农业物资50 000元以上，为推动潮州生态茶园建设，引导当地村集体企业探索无公害和绿色有机食品及地理标志产品的认证、猪瘟疫情后复产复养工作提供帮助。

四、智慧茶园、助力共建，推进茶产业高质量发展新篇章

通过院地合作、院企共建，促进绿色生态和智慧茶园建设，保护利用茶树种质资源，加强茶叶品牌建设，提高农业生产经济效益，加快产业发展助推乡村振兴，是省农科院茶叶所扎根潮州山区深耕发展的初心和使命。

近年来，凤凰单丛茶发展迅猛，已成为潮州山区、半山区高效的优势农业、特色产业之一。随着绿色生态理念深入人心，茶农的生态种植意识逐步

提高。省农科院茶叶所以"提升市县茶叶科技能力促进产业发展专项"为契机，在饶平县茶叶省级现代农业产业园、潮安区凤凰单丛茶省级现代农业产业园实施企业中大力推行，"加强栽培管理、间作套种、色板诱杀害虫、人工除草等措施，有效防治茶叶病虫害，确保规范种植；通过对土壤、灌溉水和茶叶产品的科学检测，用检测数据佐证茶的安全性和增强绿色有机茶的品牌形象；通过引进大气候农业农眼智能监测管理系统，通过光感辨别茶叶颜色，全自动智能化分选茶叶，提高茶叶加工机械化水平；通过挖掘单丛茶区别于普通茶的特征品质数据，进一步帮助提升单丛茶的品牌价值等举措，形成'头戴帽、腰束带、脚穿靴'的良好茶园生态系统；引进茶叶机械加工配套设备，提升茶叶产品的内在品质；创建潮州工夫茶文化博物馆，展示潮州茶叶生产历史及技艺；打造茶旅生态观光项目，推动文化、旅游、工夫茶产业融合发展……通过大力推行生态茶园、智慧茶园建设新模式，不断丰富茶产业种植、精深加工、品牌营销、技术创新的内涵，促进潮安、饶平等地茶产业稳步发展，提高潮州单丛茶在国内外市场的影响力。"

据潮安区、饶平县农业农村局相关负责人介绍，潮安、饶平省级现代茶产业园区建设，将以推进农业供给侧结构性改革为主线，以凤凰单丛茶、岭头单丛茶发展为引领，统筹布局凤凰茶叶产业的生产、加工、流通、旅游、文化、研发、服务等功能板块，狠抓单丛茶产业培育，提速生产要素集聚，推动适度规模经营，创新发展机制体制，加快一二三产融合，力争成为全省岭南特色茶叶转型升级的先行者，农民增收致富的带动者，绿色农业循环发展的探索者。

立足新时代，展望新征程。潮州促进中心将协助做好加快推进潮州农业现代化进程，助力打造名优特新农产品，促进产业融合发展，打造助农增收"新引擎"，助推乡村振兴落地见效。

精准帮扶东源农业 打造乡村振兴县域样板

广东省农业科学院东源农业发展促进中心

省农科院与东源县（广东省面积第二大的农业县）一直保持着良好的合作关系，对东源县农业产业的发展做了大量的科技支持工作。为进一步加强省农科院对东源县的科技资源和科技人才支持力度，较好地推动全县农业产业和农村经济良性发展，补齐东源农业发展短板，推动东源乡村振兴，2017年省农科院与东源县人民政府签订合作框架协议，在东源合作共建全省首个县级农业发展促进中心，协助东源县打造乡村振兴县域样本，大大加快了东源现代农业发展的步伐，在全省起到重要探索示范和带动作用。

东源促进中心挂靠在东源县农业农村局，在东源县委县政府的领导下，以及东源县农业农村局的大力支持和指导下，东源促进中心充分利用"共建平台、下沉人才、协同创新、全链服务"的院地合作模式，借助省农科院科技优势，整合资源，为东源乡村振兴增添新动能。

一、产业园院地共建，为东源板栗和仙湖山茶叶注能

东源板栗是东源县传统的优势特色产业，种植面积达22万亩，遍布21个乡镇，板栗已成为农民脱贫致富奔小康的"绿色银行"。促进中心积极联系省农科院全产业链专家服务团嵌合到板栗现代农业产业园建设工作中，强力推动板栗产业园建设工作，多次组织专家积极与板栗产业园各个实施主体对接。自2019年以来，省农科院专家服务板栗产业40余次，服务产业园200余天，技术培训500多人次，发放板栗安全种植技术、农产品质量安全控制技术等资料2 400余份，为果农赠送土肥所新型生物菌肥40吨。鉴于板栗产业园普遍存在：施肥量不够、营养元素配比不科学、未配置授粉树、苗木来源混乱、品种不明确、树冠修剪不到位、板栗疫病/栗瘿蜂/金龟子等板栗病虫害发生严重、板栗加工产品少等问题，专家团队根据调研情况，提

出一整套板栗修剪栽培、施肥管理及病虫害综合防控措施。该套措施切实可行、高效实用；专家团队还与当地企业合作研发了板栗罐头、板栗面、板栗巧克力等新产品，显著提高了板栗产品的附加值。同时协助东源板栗成功获得了国家农产品地理标志登记，协助东源板栗"利亮"认证绿色食品品牌，助力东源板栗入选 2019 第三批全面名特优新农产品目录，赋予了东源板栗产业发展更大的能量。

东源县是茶叶的传统产区，现有茶园面积 5 万亩，占河源市茶园面积的 50% 左右，2019 年，东源县茶叶种植面积 5 万亩，总产量 1 500 吨，产值 5.4 亿元。2020 年省农科院协助东源县申请获得了东源县茶叶现代农业产业园。东源促进中心联系省农科院茶叶所、加工所等技术团队服务当地企业引进茶树新品种、传授生态茶园栽培技术、探索加工技术等新技术，开展职业农民培育，提供科技咨询指导。专家团队对客家炒青绿茶的收集、品质分析、品质指标权重评价等进行了一系列研究，制定了《东源仙湖茶叶加工技术规程》、《东源仙湖茶栽培技术规程》两项地方标准，牵头了《客家炒青绿茶感官审评》、《河源客家炒青绿茶》团体标准，规范了河源客家炒青绿茶的生产、检验及产品定级，引导茶企按标准化组织生产，确保产品的质量安全，为客家炒青绿茶提供市场准入及地方特色优势产品提供支撑。省农科院专家联系服务的企业中，东源县仙湖山农业有限公司、河源市丹仙湖茶叶有限公司等 2 家企业获得广东省农业龙头企业，联合河源市仙湖茗露茶业有限公司等申报省市科技项目 6 项，对东源县仙湖山农业有限公司等 8 家企业建设连续化红茶、绿茶加工生产线进行指导建设；先后在仙湖山、丹仙湖、柳上美人等企业进行示范基地建设，其东源县仙湖山农业发展有限公司（仙湖山小叶种绿茶）产品获得 2019 十大好春茶称号；5 家茶企 10 个产品在"粤茶杯"中获奖。截至目前，共开展茶叶技术培训服务 20 余场次 600 余人次，发放科普宣传册 5 000 余册。

二、"防疫情、助春耕"，险难时刻显担当

新冠疫情期间，为落实广东省委、省政府"抗疫情、促生产、保供应"的工作部署要求和广东省农科院相关工作安排，东源农业发展促进中心及时

启动"防疫情、助春耕"活动，积极对接东源县贫困村，为农民线下送种子，线上指导，努力做到疫情防控、农业生产、精准帮扶三不误。2020年2月至3月期间，东源促进中心主动联系了省农科院水稻所、果树所、作物所、加工所、土肥所、茶叶所、农产品公共监测中心等相关专家，在东源春耕稻、菜、果、茶的品种选择、水肥栽培、病虫害防控等方面提供农业技术资料，并共同编写了《春耕推荐农业技术措施（东源县促进中心）》并进行派发。同时，为及时了解东源县农业企业及农户面临的困难，有效解决农业生产中的问题，保障东源县农业正常生产，专家团队通过微信、电话等形式了解及解答相关技术问题，指导企业和农户进行前期复产工作，最大限度降低灾害损失；发放省农科院《战"疫"进行时　科技助春耕——2020年春耕生产技术要点》、《农村新型冠状病毒肺炎防控指南》和农产品质量安全控制技术、作物种植技术等电子资料，并邀请种植专家加入微信工作群，在线为东源农民提供作物种植咨询与技术指导等服务。3—6月期间，邀请专家组到农业生产现场，并针对柑橘、枇杷、板栗、茶叶等农作物春季复工复产田间管理等提出了系列切实可行、高效实用的解决方案。新冠病毒疫情期间，共发放省农科院《春耕生产技术要点》和《农村新冠病毒防控指南》6 000余册，发放水稻、花生、蔬菜新品种1 500余千克，赠送有机菌肥40吨，邀请20多名专家在线为农户提供科技服务，有力保障了贫困村农民的春耕复产需求。

2020年6—7月期间，"龙舟水"过后，东源县部分地区的蓝莓、板栗、鹰嘴桃、水稻、菊花等作物种植受到影响，省农科院植保所何自福所长率领专家团队，立即前往受灾地区指导种植大户和贫困户救灾复产，并派发了果树洪涝灾后复产技术资料，把农户损失减到最低。

三、打造乡村振兴县域样板，奏响东源农业发展新乐章

蓝莓是东源县北部现代农业组团的主导产业，是县政府打造的"众星捧月"重点农业示范工程。但是2020年"龙舟水"过后，东源县船塘镇石岗村茂青蓝莓合作社种植的2 800亩蓝莓受到较大影响，"龙舟水"导致蓝莓果实腐烂脱落、大片蓝莓被金龟子咬的残缺不全、芒草猛长与蓝莓争夺光照

水肥。省农科院植保所李振宇副所长带着 7 位农科院专家来到田间地头为茂青蓝莓合作社开出了救灾药方：及时挖沟排水、推荐高效低毒农药、光/饵诱杀害虫及生态控草等，最大程度降低了农户损失。

这是省农科院科技支撑乡村振兴示范县的一个小小缩影。从东源县实施乡村振兴战略的实际出发，充分发挥省农科院科技支撑乡村振兴战略的排头兵作用，做大做强优势特色产业，加快推进东源县农业农村现代化，打造科技支撑乡村振兴的县域样本。以"生态、安全、优质、高效"为总方针，服务东源乡村振兴"四片两园"建设。坚持系统思维，以点带面，政产研协同促进。整合资源，打造创新链，支撑产业链，提升价值链。经过省农科院专家组与县委县政府的对接座谈，共同研究推进院地合作试点工作，结合东源县产业需求，重点在东源蓝莓、生猪、板栗、茶叶、农旅休闲等产业进行深度合作，并签订了合作框架协议。2020 年 5 月 26 日，省农科院进一步与灯塔盆地国家现代农业示范区管理委员会签订战略合作协议，全产业链支撑东源产业发展。具体产业支撑情况如下：

产业调研服务：省农科院专家协助河源市科学技术局建立河源市科技科派员远程服务平台，并及时收集粮食、板栗、茶叶、蓝莓等东源县农业产业中存在的问题，形成产业调研报告，供政府决策参考。

水稻、蔬菜产业：针对东源水稻、蔬菜品种老旧、病虫害频发、库存过多等问题，农科院专家提供了：粤农丝苗米、宝丰豆角、粤优丝瓜等新品种；提供水稻和蔬菜病虫害绿色防控技术；协助优化了客家糯米酒酒曲菌种及制作工艺，提供了菜干、发酵菜加工技术。

板栗产业：针对板栗树体老化、病虫害频发、加工产品单一等问题，提供了板栗高接换种、栗瘿蜂绿色防控、金龟子诱捕、板栗罐头加工等技术。

蓝莓产业：针对蓝莓保花保果困难、产量低、桉树林改种困难、产品加工技术缺乏等问题，提出蓝莓避雨栽培、抗病丰产栽培技术、病虫草绿色防控技术、桉树砍伐区土壤修复等技术。

茶产业：针对茶树老化衰退、种植/加工技术不统一、产品质量不稳定等问题，提供了标准化茶园建设、加工品质控制、质量溯源等技术。

生猪产业：针对东瑞集团养殖排泄物臭气重、产品植物营养学特征不明确等问题，提供了养殖废物快速转化为有机肥料的技术，解决环保问题的同时，为土壤改良和优质农产品种植提供了优质肥料。

红火蚁防治：针对东源县红火蚁为害重、蔓延快、传播途径多、防治难的问题，提供了红火蚁饵剂诱杀技术、药剂灌巢技术、粉剂处理技术等。

"立足东源、服务'三农'"。省农科院东源农业发展促进中心正不断融入东源乡村振兴、脱贫攻坚工作，为东源现代农业发展、农民增收致富插上科技的翅膀。

众擎易举，阐扬光大

省农科院水稻专家在稻田指导生产

省农科院水稻品种

省农科院蔬菜专家在指导生产

省农科院蔬菜品种展示

省农科院农产品加工专家

省农科院科技支撑加工生产线

省农科院茶叶专家在指导生产

省农科院茶叶品种

打通科技创新到服务"三农"最后一公里

从高产饱腹到"优生优育"的稻米传承

习近平总书记强调："中国人要把饭碗端在自己手里，而且要装自己的粮食。"保障粮食安全是中国的永恒课题，确保粮食安全，我国建设发展和人民生活才有根本保障。广东省北靠南岭山脉，南临南海，稻区辽阔，从平海面的潮田到海拔千米的山区梯田都有水稻种植，为栽培稻的发源地之一。作为国家保证粮食安全的科技中流砥柱，省农科院在水稻多个研究领域处于全国领先位置，结出累累科研硕果，不断更新着我国水稻产业的面貌。

一、高产饱腹的育种奇迹缔造者

"洪范八政，食为政首"。人口不断增长，对产量的追求是水稻育种的不变主题。谈到水稻高产，就不得不提省农科院黄耀祥院士。黄耀祥院士引领的矮秆性状、降低株高、提高抗倒性的矮化育种，使水稻能够抵抗台风等恶劣天气，中国水稻产量从 20 世纪 50 年代的 150～250 千克/亩迅速提高到 350～450 千克/亩，平均 1 亩增产 200 千克，实现高产稳产。新中国成立以来，黄耀祥院士主持育成的"珍珠矮""桂朝 2 号"等推广面积较大的品种有 60 多个，大批高产优质的水稻良种在南方稻区大面积推广，早、中、晚熟等不同品种类型迅速得到配套。早熟品种"广陆矮 4 号"在长江流域广泛种植，累计推广面积超过 1 亿亩。1998 年国际水稻基因组计划正式启动，中国承担"第 4 号染色体测序"的任务，"广陆矮 4 号"被选定为基因组测序用的代表性品种。矮化育种的成功，为 20 世纪 60 年代激增的人口带来了救命的口粮，为我国农业科技创新支撑"用世界七分之一的耕地，养活了世界四分之一的人口"发挥了十分重要的作用，在世界水稻育种史上刻下了浓墨重彩的一笔，被称为"第一次绿色革命"，同时，也为被誉为第二次绿色革命的"杂交稻"育种奠定了重要基础。

省农科院的育种专家们追随黄耀祥院士的足迹，在解决国人温饱的道路上奔走，从未懈怠。继矮化育种后，省农科院在高产、超级稻、绿色栽培等方面作出了诸多尝试、研究，产业促进成绩斐然，为全国水稻产业的发展献出新的力量。省农科院在超级稻育种研究居世界先进水平，先后育成桂农占、天优998、金农丝苗、吉丰优1002等23个品种被农业部确认为超级稻，占同期我国超级稻品种总数的17.3%，占广东省超级稻品种总数的82.1%。育成的超级稻品种类型丰富，常规稻和杂交稻、感温型和感光型、两系和三系等类型齐全，熟期配套，能满足多个不同稻作区的生产需求，在广东省内外大面积推广种植。其中超级稻五优308为2012—2015年国内种植面积最大的三系杂交稻组合；天优998曾为全国种植面积前十杂交稻组合；吉丰优1002为当前广东年种植面积最大的杂交稻。省农科院水稻研究已开始进入另一个成果高峰期，有两项超级稻成果获得广东省科技进步一等奖，培育出大批高产、优质、高抗的水稻新品种和杂交稻不育系与恢复系等重要亲本，对推动广东乃至全国水稻产量提升和国家粮食产量连增发挥了重要作用。

二、水稻"优生优育"的潮流引领者

随着社会经济不断发展，人们对水稻的要求从过去的"吃饱"变成如今的"吃好"，省农科院科学家紧扣时代脉搏，积极主动适应经济社会发展要求，在优质高产育种方面早布局、早研究、早推广，推动广东优质稻培育与发展持续领跑全国。

（一）常规稻育种持续保持全国领先地位

省农科院优质稻育种成绩广为业界称道，"十三五"以来，省农科院主持育成粤禾丝苗、黄广华占1号、19香等68个常规稻通过广东省品种审定，占同期广东省审定的常规稻品种总数的70%，约占同期全国审定的籼稻常规稻品种总数的40%。常规稻品种黄华占、粤农丝苗、粤禾丝苗、美香占2号等生产上表现高产稳定、品质优、抗性好，在省内外大面积推广应用。其中黄华占先后通过广东、湖南等8省审定和江西引种许可，在南方稻区累计推广种植超1.3亿亩，为当前南方稻区年种植面积最大的水稻品种。

高档优质稻美香占 2 号连续获得首届和第二届全国优质稻评选金奖，是目前广东省年种植面积最大水稻。此外，这些优质稻品种因品质好、产量高，符合市场需求，已成为省内外很多稻米企业加工高、中档优质米主要来源品种，有力地推进了我国水稻优质化，引领了南方稻区优质稻产业的发展。

（二）杂交稻育种促进产业化成效显著

超级稻攻关是水稻育种领域的一个制高点，能够反映出育种单位的科研水平。无论是在数量还是质量上，省农科院在超级稻研究方面都具有较强优势，超级稻认定数量位居全国水稻科研单位之首，育成一大批品种、亲本材料被广泛应用。先后培育出"广恢 3550""广恢 128""广恢 122""广恢 998""广恢 308"等杂交稻强优恢复系，不育系与恢复系育成的数百个审定品种在南方稻区大面积推广应用。其中，应用"天丰 A"不育系育成审定品种近 100 个，天优 998 连续 6 年成为国家区试对照品种，"天优华占"2014 年突破 309 万亩，累计推广应用 1 634 万亩，是近年来少见的大单品。应用"五丰 A"不育系育成审定品种 80 多个，代表品种有五优 308，五优华占等。其中，五优 308 连续 9 年被列为国家区试对照品种，2013 年已成为全国年种植面积位居第 2 大的杂交稻品种，已累计推广 3 000 多万亩。应用"荣丰 A"不育系育成审定品种淦鑫 203、淦鑫 206、荣优华占等 30 多个。其中，淦鑫 203 作为江西现代种业有限公司的主打产品，年推广面积最高时达 400 万亩。江西现代也因荣优系列、天优系列等品种的热卖，一度成为江西地区最大的水稻种业公司。应用"广恢 998"育成 16 个品种通过审定，累计推广应用近亿亩。

"十三五"以来，省农科院培育广泰 A、五乡 A、广 10A 等 24 个杂交稻不育系通过省级技术鉴定，育成 435 个次（主持育成 106 个）杂交稻品种通过审定。组配育成的优质杂交稻泰丰优 208、泰优 390、泰优 398、广 8 优 169、广 8 优 165 等品种稻米外观透明细长、米饭质地软硬适中，在广东、湖南和江西等省的杂交稻市场上很受欢迎。其中，泰优 390 连续几年为湖南年推广面积最大的三系杂交稻，泰优 398 为江西省年种植面积最大优质杂交稻，泰丰优 208 是第二届全国优质稻评选金奖品种，在广东、江西、广西大面积种植。广 8 优系列组合广东年种植 150 万亩，成为近年来广东种植面积最大的系列组合。由于育成的杂交稻品种综合性状好、适应性广，得到国内众多种子企业认可，通过使用权转让方式与国内种子企业开展广泛合作，获得了良好的经济效益，同时，也极大地推动了相关种子企业的发展。

（三）新型栽培技术极大解放了农民劳动力

良种要有良法支撑，生产高效、绿色安全、种植轻简的水稻生产栽培技术也是水稻产业发展中的"卡脖子"技术问题。在农业部提出"化肥农药零增长"目标之前，省农科院超前地对绿色栽培付诸实践，研发出控肥、控苗、控病虫的"水稻三控施肥技术"，引领水稻减施化肥和农药的"两减"生产，解决了我国水稻主要产区普遍存在的肥料特别是氮肥施用量大、利用率低、环境污染严重、病虫害多、经济效益低等系列问题，提高了稻米食用安全性。该项技术成为广东省内近年来推广面积最大的农业生产新技术，并在广西、江西、浙江、海南等水稻产区得到大面积普及推广。"三控"施肥技术还成为世界银行贷款广东农业面源污染治理项目以及农业部"两减"栽培的重要技术，"水稻三控施肥技术体系的建立与应用"获广东省科学技术一等奖。该项技术主要完成人钟旭华博士也因此获得国际肥料工业协会（IFA）的诺曼·勃洛格奖（Norman Borlaug Award）。

三、"订制"水稻的畅想者

省农科院在水稻育种研究的多个领域均有超前表现。让米饭富含某种特定营养，甚至让米粒变成彩色，既好看又好吃，是否是天方夜谭？虽然距离"像设计工业品一样设计水稻"还有很长的路要走，但省农科院已让不少天方夜谭的想法变成了现实，如让米饭更香、口感更好、改变水稻耐高低温或盐碱的能力等领域实现了初步突破。助力这一梦想照进现实的"幕后功臣"便是分子育种技术，省农科院科学家聚焦"未来水稻育种"，从水稻产业实际出发，利用现代分子生物学技术，挖掘高产、优质、抗病、耐逆等现代水稻产业亟需的农艺性状功能基因，剖析相关分子机理，创建具有应用价值的种质材料，探索"定制"水稻。其中，在水稻产量、品质、抗稻瘟病、耐温度胁迫、重金属低吸收和耐盐碱等方面研究取得重要突破，鉴定相关遗传位点 200 多个，克隆功能基因 10 多个，从分子水平剖析了产量、品质、抗性稻瘟病、耐低温、耐盐碱、镉低吸收等重要农艺性状的遗传基础和调控机制。研究成果以第一单位在《Plant Biotechnology Journal》等国际知名杂志发表 SCI 论文 40 多篇，获得授权发明专利 10 多项，创建聚合 RGD - 7S、安丰 A、吉丰 A、长泰 A 等一批优异亲本（品系）或育种中间材料；利用分子标记辅助选择技术，育成聚两优 747、吉丰优 3550、安丰优 5618、广泰优华占等高产、优质、抗病品种 20 多个通过品种审定。这些丰硕的成果从基因资源、育种技术和分子机理等方面，为新时期水稻高效精准的分子育种，提供了全方位的技术支持。

现代稻作科学的建立、第一次农业绿色革命的发起、杂交稻育种、超级稻攻关、现代丝苗米品种的升级、栽培技术的革新……在中国水稻产业发展的多个关键节点，省农科院无一缺席，并暴发出巨大能量。

躬耕产业最前线　赋能湾区菜篮子

人在草木间，食五谷，亦食蔬菜。随着人们生活水平日益提升，对饮食要求已从"吃饱"到"吃好"转变，普遍提倡合理搭配、健康饮食，蔬菜在日常生活中地位不断提升。随着经济社会发展，蔬菜品种和数量供应越来越充足，品质也不断提升，为人民群众生活带来了越来越好的体验，这其中，特别离不开先进农业科技成果的重要支撑作用。省农科院一贯坚持以科技创新推动产业发展为己任，以蔬菜研究所为核心，整合其他研究所的科研力量，长期躬耕广东蔬菜产业一线，围绕不同时期产业发展痛点、难点问题，牵头开展科技攻关，近年来培育的新品种在广东省农业主导品种占比超50％，推广应用了大批先进科技成果，助力打造"粤"字号蔬菜产业品牌，以粤辐射大湾区，为湾区蔬菜产业做优、做强提供坚实科技支撑。

一、精培良种，让"菜篮子"推陈出新

20 世纪 90 年代以前，因早熟、丰产蔬菜品种匮乏，没有适合春夏之交上市的蔬菜品种，是当时"菜篮子"供应的"老大难"的问题。省农科院在国内率先开展瓜类雌性系育种研究，育成了"粤农节瓜""绿宝石苦瓜""碧绿系列苦瓜""雅绿系列丝瓜"等新品种，解决了早熟与丰产、抗逆与优质之间的矛盾，显著改善了关乎民生的蔬菜市场"春淡"问题。其中"粤农节瓜"和"绿宝石苦瓜"至今还是华南地区早熟丰产瓜类的标志性品种，在业界久负盛名。

为打破芥蓝、小白菜、菜心杂交品种长期被国外垄断的局面，省农科院蔬菜研究团队利用自交不亲和系、胞质雄性不育系、双单倍体材料，培育出一系列表现优异的杂交新品种。2010 年育成"夏翠芥蓝""秋盛芥蓝"，为国内首次通过品种审定的杂交一代芥蓝新品种，产量和品质可与日本同类品种相媲美，双双获得广东省自主创新产品称号；后续育成的杂交"夏盛小白

菜""粤翠1号杂交菜心""紫苔芥蓝"等近10个杂交品种，深受企业及消费者欢迎，挺起了我国华南特色叶菜杂交育种的脊梁骨。

北运菜是广东省蔬菜在全国的一张靓丽名片，在广东蔬菜产业中具有举足轻重的地位。如何从源头上解决蔬菜耐储存、易运输、丰产优质等问题，省农科院蔬菜研究团队围绕市场需求开展科技攻关，选育出一批优异新品种。如广东黑皮冬瓜广受国民喜爱，但是存在运输效率低、易破损等问题，为此，选育出"铁柱"冬瓜，其果实空腔小，大大提高了装车容量，果肉致密，显著降低了破损率，成为突破性新品种迅速受到市场青睐，在省内外大面积推广应用，目前已成为我国冬瓜主栽品种，市场占有率达40%以上。又如辣椒在春季容易遭受疫病，品质和产量难以满足北运市场需求，专家团队集中力量选育出适宜广东春季种植的抗疫病新品种"汇丰二号辣椒"，目前种植面积约占广东青皮尖椒面积的35%，成为北运辣椒产区春季种植的首选品种。

随着技术进步和生产发展，蔬菜市场供应量逐渐饱和，蔬菜品种众多，但同质化严重，甚至出现季节性、结构性供过于求导致菜贱伤农的问题。消费者需要"好吃""好玩""多功能"的特异新品种，新时代育种工作必须围绕"提质增效"这四字做文章。近年来，省农科院先后选育出"迷你冬瓜""芋香冬瓜""芋香南瓜""高肌醇南瓜""高丙醇二酸冬瓜""霸王椒"等优秀新品种，不仅为消费者提供营养丰富、风味上佳的蔬菜食材，而且为美丽乡村建设提供兼具食用和观赏功能、适合都市农业、庭院种植的多样化蔬菜新品种，取得了良好的市场反响，成为蔬菜产业效益提升的一个新的增长点，有效推动了蔬菜产业供给侧结构性改革。

二、深研良技，为"菜篮子"保驾护航

既要确保舌尖上的美味，更要守护舌尖上的安全，同时要让农民鼓起钱袋子。多年来，省农科院一直坚持"优质、绿色、轻简、高效"的科研目标，构建并逐步完善优良品种、高效栽培、安全防控、行业标准四位一体的生产关键技术体系，为保障蔬菜有效供给作出了诸多贡献。

20世纪90年代，省农科院率先在广东开展蔬菜无土栽培研究推广，成

功构建了华南浮根式蔬菜水培和高效砂培技术体系，引起当时省、市领导的高度关注，多次来院视察技术研发与推广情况。由于该技术体系具有投资低、产品产量高、品质好等特点，各级地方政府和企业纷纷引进应用，取得了显著的经济效益和社会效益，有效推动了蔬菜无土栽培在广东省及周边地区的发展，成为规模化蔬菜无土栽培研究应用的先行者。

近年来，应用蔬菜产量品质耦合提升的生理与生态原理，以嫁接育苗、中微增效施肥、农艺管理为关键措施的蔬菜全生育期叶果养护技术，克服华南高温高降雨气候不利因素影响，成功实现了减肥减药减本，增质增产增效的"三减三增"目标，技术达到了国内同类研究的领先水平。

针对草菇生产中出现的生物转化率低、基质处理过程中水资源消耗多等问题，开展草菇环保高效栽培技术创新及应用研究，创新原材料处理方法，节省拌料用水，减少石灰用量、废水排放，实现节水减污双目标，促进了草菇产业技术的升级换代，对增加农民收入、保持广东省全国草菇种植主产区地位、推动草菇产业健康发展发挥了重要作用。

三、赋能产业园，为"菜篮子"增光添彩

广东省委、省政府高度重视，把现代农业产业园建设作为实施乡村振兴战略的"牛鼻子"。蔬菜产业园建设，成为推动广东蔬菜产业发展的重要载体，也是省农科院践行"科技创新、服务三农"，助推乡村振兴"加速跑"的主战场。17个省级蔬菜产业园中，有16个是省农科院参与科技支撑，9个牵头对接，蔬菜产业园几乎园园都能看到省农科院专家团队的躬耕身影。根据各产业园的建设需求，整合院内外科技资源，组建全产业链专家服务团队，提质当地特色品种，示范新品种新技术，开展技能培训，助力打造蔬菜品牌。累计开展科技攻关35项，解决了11个关键核心技术，推广应用了25个新品种、16项新技术，培训了近1 500人次园区农技人员，编制了13个企业生产标准，共建产业园科技创新中心5个，打造了"客家土椒""合利菜心""连州杂交菜心""白宫苦瓜"等8个农业品牌。通过科技导入，有效延伸产业链，提升价值链，打造出一个个科技融合产业的经典范例。

"智力加持，'梅州土菜'焕发新生机"。为实现梅州市（梅江）蔬菜产

业园建设目标，做强做大富民兴村产业，培育发展客家菜食材特色产业，省农科院与主体企业共建的蔬菜产业研究院，开展梅州地方品种"平远土椒"的提纯复壮和新品种选育工作，解决其种性退化、果形不一、产量不高的问题，"平远土椒"华丽变身为椒味清香、脆而不辣、淡绿透绿、晶莹剔透、高颜与气质内外兼修的客家佳丽——"客家土椒"。一款款以"客家土椒"为食材的客家特色菜肴随即征服食客的心，成为客家人新的乡愁。除了提纯复壮，专家团队还利用地方种质资源，从中选育了两个新品种，命名为客家土椒3号、4号，申请了国家品种登记。新品种既保持了不辣清香的特点，其整齐度、坐果率、外观都比原品种好，在当地反响很大，一举改变了梅州本土没有高品质辣椒品种的传统认知。

"科技发力，陆丰萝卜驰骋乡村振兴快车道"。陆丰的萝卜到了生产季节很壮观，海滩、沙地一望无际。但因品种优势不突出、栽培技术落后，并受加工技术限制，陆丰萝卜一直名不见经传。经专家团队调研把脉，找出产业发展短板，量身订制了一套以优良品种为核心，高效栽培为支撑，多样化加工为亮点的陆丰萝卜产业技术方案，通过良种引种、高效水肥一体化技术与设施应用、鲜萝卜次品提质增效加工工艺研发、品牌提升等全产业链升级，陆丰萝卜迎来了脱胎换骨。园区现已发展建成规模化萝卜示范种植基地5万亩，新增省级菜篮子基地16个，带动农户种植5万多户、萝卜产业园核心区示范基地和带动农户种植萝卜年实现综合产值4亿元以上。萝卜鲜销和加工产品远销粤东、珠三角、港澳、福建、浙江等地；萝卜加工产品种类丰富，占广东省萝卜加工市场的30%。产业园成为陆丰市实现农业增效、农民增收、城乡融合创新驱动发展的农业现代化建设的标杆。

四、荟萃人才，聚力托举"菜篮子"

人才培养就在菜田间，让科技人员把论文写在菜地上。省农科院开拓多元化的引智形式，联合发挥技术、人才优势和产业资源优势，建立"菜篮子"研究院、科技小院、博士工作站、研究生实习基地等人才智库，集聚各层次人才为湾区蔬菜产业提供技术支撑，将粤港澳大湾区"菜篮子"托举至更高的发展轨道。

2019年，广东省农业农村厅、广州市农业农村局、省农科院三方共建了广州粤港澳大湾区菜篮子研究院（以下简称"菜篮子"研究院），省、市农业主管部门与农科院所三方共建的研究院，注入了广东省农业相关最优质的资源，肩负粤港澳大湾区"菜篮子"工程建设智库、科研、新技术应用等重要核心职能。在人才培育方面，"菜篮子"研究院正在打造集高水平的研究规划与专业化的教育培训、咨询服务、高端论坛服务等于一体的专业智库、人才培养基地和推广应用中心，为粤港澳大湾区"菜篮子"工程建设提供智力支持和人才支撑。

2017年，省农科院与中国农业大学合作在佛山共建广东省第一家蔬菜"科技小院"，形成"地方农业部门协调＋专家指导＋企业参与＋示范基地搭建＋技术员跟进＋多途径培训＋回访调研"的创新型推广机制，创新探索出"学校-基地-乡村"三位一体的专业人才培养模式，目前已培育了2名中国农业大学的硕士研究生。"科技小院"不仅使研究院所、高校科技成果可在基层精准应用（研究生驻点基地两年），更成为吸引院校高层次人才（研究生导师）到基层开展科学研究的专家引智平台。

2019年，省农科院在佛山市三水区白坭镇建立首个蔬菜博士工作站，作为推进对白坭镇美丽乡村建设科技支撑的"桥头堡"，将所内高学历人才下沉生产一线，从蔬菜新品种新技术推广示范、高层次人才输出、技术支撑、系统服务产业等方面与基层、企业开展全方位对接合作。通过博士工作站，已有4项技术落户白坭镇，其中"富氢水在农业应用中的机理模式、综合装备及配套生产规程的研发与示范推广"项目应用效果显著，促成了由省农科院蔬菜所、省农科院佛山分院、省农技推广总站联合共建"康喜莱氢农业示范基地"，为地方发展高新农业起到积极的推动作用。

躬耕产业一线，把科技创新成果变成企业和农民的财富，让消费者的"菜篮子"拎得更安心、拎得更称心、拎得更开心，才是农业科学研究的初衷，是一个农业科研单位和一众蔬菜工作者的初心和本分。面向新时代，开启新征程，省农科院将紧贴时代脉搏，进一步聚焦产业发展关键技术瓶颈问题开展科研攻关，加大关键技术创新力度，推出更多具有自主知识产权的农业科技创新成果，促进全环节提升、全产业链增值，为粤港澳大湾区乃至全国"菜篮子"提供更加坚实的科技支撑。

持续创新加工关键技术　引领农业产业转型升级

　　近年来，广东省农科院以蚕业与农产品加工研究所为龙头，整合其他专业研究所的科技力量，抓住推动农业产业升级的关键点，不断破解农产品精深加工的关键技术难题，不断为农业产业链条的延伸和提升加油，成为全省现代农业产业向高质量发展的一个重要引擎。

一、"神加工"赋予特色水果全新的"第二次生命"

　　随着千百年来人类活动的进步，食物加工技术也被不断推向新高度。就很多食品而言，加工技术赋予了它们"第二次生命"。将不可能变成可能，挖掘热带亚热带水果潜在的附加值，提高产品品质，突破共性关键技术和装备瓶颈，推动产业转型升级发展，助力乡村振兴，这就是省农科院果蔬加工团队科技创新工作的动力源泉。

　　岭南水果种类丰富、产量大、质量优，荔枝、龙眼和菠萝等更是其中翘楚，我国约占世界产量的 70%，而广东产量在国内位居第一，对广东经济发展起着重要作用。然而，由于加工专用品种和原料品质评价标准缺乏、加工核心技术与设备落后等突出技术问题，岭南水果长期以来主要以鲜销为主，加工比例低，产品单一，加上水果成熟期集中，气候高温多湿，水果采后损失率较高，水果产业的综合效益不高。加工技术和设备上的短板制约了岭南水果业的发展，同时也束缚住了岭南水果的脚步，让岭南水果始终无法走远。

　　作为岭南佳果典型代表，荔枝、龙眼和菠萝等水果味道好、营养高，但具有强热敏性，加热易变色变味，制成果酒果醋品质不高，而制成果干用传统工艺能耗高、品质不稳定。即使如此，十余年潜心研究，省农科院果蔬加工团队还是迎来了曙光，收获了硕果。2018 年 3 月，团队成员徐玉娟主持完成的"岭南大宗水果综合加工关键技术与产业化应用"获得了 2017 年度省科学技术一等奖。

该研究成果构建了不同荔枝品种的加工特性数据库和原料品质评价方法，建立了荔枝龙眼绿色节能干燥技术，实现了传统荔枝龙眼果干产业的技术升级。针对荔枝热敏性较强，传统热加工生产易褐变、风味劣变和二次沉淀等技术难题，发明了荔枝加工的非热杀菌技术、控温发酵、快速澄清、超声波-磁场陈化等新技术，研发了高品质荔枝果酒、荔枝果醋、荔枝乳酸菌果汁饮料等新产品，改变了一直以来岭南水果加工品单一的现状，实现了产品多元化、品质高质化、技术新型化。2006—2016 年带动果农增收 20 多亿元，项目形成的岭南大宗水果加工关键技术，已在广东、广西等 5 省 24 家企业推广应用，取得经济效益近 30 亿元。

此外，果蔬加工团队经过近 20 年的科研攻关，攻克了 20 多种果蔬的加工技术瓶颈，如陆河与从化的青梅、河源灯塔盆地的蓝莓、梅州的柚子与脐橙、信宜的三华李和山楂、韶关的百香果、河源的火龙果和柠檬、郁南的无核黄皮、广州与惠州的甜玉米、惠州的菜心、广西和贵州的葡萄、湖北的树莓等。

二、新研究推动"营养健康食品"成为现代农业关键词

随着经济的快速发展和人民生活水平的不断提高，我国农业发展正逐步迈入营养健康的新阶段。人们已逐渐从吃得饱转向吃得好，越来越关注营养、健康，消费需求也趋向个性化、定制型。"设计创制营养、健康、美味、方便的营养食品，在满足人民营养需求的同时促进农产品加工业的提质增效"，正是省农科院功能食品创新团队科研人员长期的奋斗目标。

功能食品是指有特定健康功效，能够调节人体生理功能的食品。20 世纪 80 年代中期，功能食品在我国开始受到青睐，并逐渐成为食品学科最受追捧的研究领域之一。在此背景下，功能食品创新团队将"以特色农产品为原料，开发食品形态的功能食品"作为长期坚持的研究方向，以营养健康为核心开展特色农产品精深加工。围绕"农田—农产品—营养食品—人类健康"这一主线，不断集聚农学、天然产物化学、营养学和食品科学工程等专业的人才，开展南方特色农产品资源的营养健康功效成分解析和作用机制研

究，并以之指导特色农产品为原料的功能食品加工关键技术研发及新产品设计创制等，从而形成了"理论创新—技术突破—产品创制—产业化示范"上下游一体化贯通的科技创新链，真正实现"既顶天又立地"。

2008年，以张名位为第一完成人的科技成果"黑色食品作物种质资源研究与新品种选育及产业化利用"获得国家科技进步奖二等奖。他们收集保存了国内外最为丰富的黑米、黑大豆等黑色食品作物种质资源，构建起首个黑色食品营养成分与活性物质数据库，揭示出花色苷是其保健作用的重要物质基础，发现并确证了黑米、黑大豆等黑色食品改善糖脂代谢、保护心血管和抗氧化延缓衰老等保健功能，较好地回答了为什么有"逢黑必补"之说。

通过与广西黑五类食品集团等多家黑色食品企业开展产学研合作，团队研发出系列黑色食品加工关键技术和新产品，带动了国内黑色食品产业的兴起与发展。备受鼓舞的省农科院功能食品创新团队并没有松懈，在如何把营养健康与国民主食消费习惯结合起来，生产出具有色香味食物感，适合中国人肠胃耐受性，具有自主知识产权的特医食品上苦下功夫。经过近20年的潜心研究，省农科院功能食品创新团队突破特医食品专用营养配料的制备、粉剂和乳剂类不同剂型特医食品加工等一系列技术瓶颈，建立了以谷物豆类等农产品为基质创制适合不同疾病、不同病程患者适用的特医食品系列加工技术装备，通过精准营养设计出系列个性化、定制型新产品。团队相关研究成果"营养代餐食品创制关键技术及产业化应用"在2015年获国家科技进步二等奖，培育出国产特医食品响当当的"力衡"品牌。

三、新理念护航桑基鱼塘为生态农业谱新篇

随着人们对营养健康食品的追求，蚕桑食品和保健品也许正出现在人们的购买清单里。桑、蚕、蛹、蛾的食用历史悠久，早在唐宋时期就被皇室视为珍贵的补品。其中，利用蚕蛹加工成的食品，最被大众忽略，但它独特的风味及营养价值太过耀眼，被省农科院蚕桑与药食资源加工利用研究的团队成员们这一群有心人细心研究，散发光芒。

省农科院蚕桑与药食资源加工利用研究团队围绕家蚕品种原料筛选、功能成分表征及精深加工技术等方面开展系统研究与创新，取得了多项关键技

术的突破。在家蚕作为传统生产效益不理想的情况下，另辟蹊径，挖掘家蚕食用和药用价值。扭转了长期以来占据产业链约40%的缫丝副产物——蚕蛹、蚕蛾等资源无法有效利用，整体产业经济效益不佳的被动局面，通过精深加工实现产业提质增效。

2019年3月，省农科院蚕桑与药食资源加工利用研究团队主持完成的科技成果"家蚕食用品质评价与加工新技术研发"荣获了2018年度广东省科技进步奖二等奖。团队利用"家蚕食用品质评价与加工新技术研发"项目分别在广东汇香源生物科技股份有限公司、成都世煌生物科技有限责任公司、广东宝桑园健康食品有限公司、广东真美食品股份有限公司等10余家蚕桑、食品企业进行转化应用，累计新增销售额48.12亿元、新增利润5.27亿元；近三年新增销售额26.27亿元、新增利润3.15亿元，产生了显著的经济和社会效益。研究成果有效促进了家蚕加工行业科技进步与转型升级，为蚕桑加工产业转型发展发挥了引领和示范作用。

近年来，广东省各地农业"接二联三"呈现加速发展态势，按"一产往后延，二产两头连，三产走精端"的发展思路，摸索出以农产品加工业为引领的产业融合发展模式，以各地主要农产品、特色产业为出发点，发展农产品加工业聚集发展区域，促进一二三产业融合发展。省农科院下设15个科研机构，覆盖了农业全产业链，同时设有从事农产品加工的加工所，建有农产品加工省部共建国家重点实验室培育基地等平台，形成了鲜明的科技创新特色和产学研结合优势。在黑色食品资源的营养功能评价及产业化利用、特医食品的设计创制与临床应用、亚热带果蔬精准加工关键技术突破、桑蚕资源食药用价值挖掘与加工关键技术研发方面取得了一批有影响力的成果。"营养代餐食品创制关键技术及产业化应用"，2015年获国家科技进步二等奖，"一种利于肠道修复的营养膳及其制备方法"，2018年获中国专利银奖。"岭南大宗水果综合加工关键技术及产业化应用"，"亚热带特色果蔬主要活性物质的化学生物学表征及其健康食品创制"，"桑蚕资源食药用价值挖掘与高值化加工关键技术研发"等7项成果获省部级一等奖。实验室平均每年获授权发明专利20余项，每年发表SCI、EI等高水平论文50余篇。同时，省农科院帮助农产品加工科研机构解决实验室成果向产业转移转化的相关技术问题，促进农产品加工科技成果快速熟化和转化，推动科研与产业和企业的有机结合，大幅提升成果转化率。省农科院每年为数十家企业提供技术服务和技术成果信息共享，全面提升广东省农产品加工中小企业的科技创新能力。2020年省农科院有40多项加工技术列入农业主推技术，为支撑亚热带农产品加工产业转型发展、推动对区域科技创新发挥了重要作用。

在新时代乡村振兴大背景下，乡村经济也要以市场为导向，发挥科技的推动作用，从而推动收入的高增长和经济的大发展。农产品加工业要从"被动加工"向"主动加工"转变，通过立足当地资源禀赋、产业基础条件，开展农产品加工关键技术和核心装备研发，开发一批适合广东特色农产品的产地初加工、精深加工先进装备，为全省农产品加工业发展提供强有力的科技支撑。

"英红九号"——续写一个品种带动一个产业发展的传奇

"一个品种支撑一个产业"。"英红九号"作为广东茶的主打品种之一，是全国屈指可数的由一个茶树品种名发展成为红茶公共品牌名的业界典范。省农科院正是"英红九号"茶树品种的选育者、系列产品的首创者、公共品牌的创建者与核心技术的原创者。省农科院通过"品种—品质—品类—品位—品牌"的全产业链创新研发，让"英红九号"由一个茶树品种发展成茶叶产品，最终成为一个响亮的区域性公共品牌，缔造了一个品种带动一个产业发展的传奇。

一、"英红九号传奇"的缔造

1961年，省农科院的科研人员从引进的云南大叶群体中遴选出22棵单株开展试验，经过20多年的努力，培育出"英红九号"。1988年"英红九号"通过广东省农作物品种审定委员会审定。2010年，"英红九号"被列入广东省农业主导品种。至2017年，"英红九号"这一品种在英德的种植面积达7.5万多亩、省内外总种植面积超10万亩，辐射云南、西藏等近10个省和斯里兰卡等红茶主产区国家，累计创造社会经济效益60多亿元。同时，在品牌建设方面，成绩斐然。2014年，由省农科院自主研发的"鸿雁"牌"英红九号"荣获"广东首届十大名牌农产品"评选第一名，成为实至名归的广东茶叶第一品牌。2017年，以"英红九号"为代表的英德红茶获评"中国优秀茶叶区域公用品牌"。2018年，英德红茶品牌估值高达20.78亿元。

二、"英红九号传奇"的续写

(一) 核心"育种创新"的领跑者

在"英红九号"的示范带动下，省农科院茶叶育种团队又相继成功选育了"鸿雁 12 号""丹霞 1 号""丹霞 2 号""乌叶单丛"等具有广东地方特色的当家品种和广东省农业主导品种。广东省通过品种审定的茶树品种有 21 个（国家级 11 个、省级 10 个），其中 17 个（国家级 10 个、省级 7 个）由省农科院培育。迄今为止，广东省已审定的茶树品种中，超过 90% 由省农科院选育。同时，省农科院新一代的科研人员努力不懈，承担了高香和特异茶树种质资源收集、保存与创新利用及促进广东特色茶树品种升级换代的新品种选育科研工作。近年来，为突破现有品质"同质化"严重的产业瓶颈，结合常规育种和现代分子育种技术手段，筛选出花香、奶香、杏仁香、木香、高花青素、高茶氨酸、高苦茶碱、低咖啡碱等优异茶树新品系 30 多个，目前已陆续进行国家植物新品种权申报和新品种登记，实现了优势特色茶树品种结构的优化，为提升广东茶产业的核心竞争力提供了强有力支撑。

（二）配套"技术集成"的领航人

省农科院通过创新成果"优质高效生态茶园栽培关键技术体系"，集成了"茶—磷高效大豆间作技术""蚯蚓—有机物培肥技术""病虫害生态防控技术"等核心技术。其中，"茶—磷高效大豆间作技术"是将具有较高磷效率和产量潜力的大豆与幼龄茶树间作，有利于幼龄茶树生长；"蚯蚓—有机培肥技术"，是创造性地利用了土壤工程生物蚯蚓，可显著增加土壤微生物的数量和活性，全面提升土壤肥力水平，既能保证茶叶产量稳定，又能明显改善茶叶品质，是国内第一个在茶园应用这项技术的单位；"病虫害生态防控技术"以增加茶园斑块内景观多样性和应用保护增殖害虫天敌等为核心，可在不使用农药的前提下，将病虫害发生量减少 40% 以上，解决了广东茶园病虫害对化学防治的依赖问题，实现了茶园生态优化和茶叶质量稳定提升的双重效应。

（三）富民兴村"产业"培育的领头羊

在加快推进农业供给侧结构性改革和促进乡村振兴的新形势下，广东茶产业发展不平衡、不充分的问题也日益突出，主要表现在缺乏年产值超 1 亿元的龙头企业引领，茶叶销售过度依赖本土市场，具有知名度和重要影响力的区域公共品牌并不多。基于此，省农科院以科技支撑清远市英德市红茶省级现代农业产业园建设为契机，以推进英红九号茶叶生产标准化、智能化、清洁化、规模化为突破口，与龙头企业广东英九庄园绿色产业发展有限公司（广东省高新技术企业）深入开展科技合作，以建设英红九号生态茶产业发展联合体为抓手，推动高品质英德红茶由"产品"转变为"精品"，"生态绿色优势"转变成"产品质量优势"，提高了产业园的经济效益，为地方农业高质量发展提供新途径。截至 2019 年年底，产业园运用生态绿色的生产方式，带动英德市茶叶种植面积达到 14 万亩，干茶产量 1.1 万吨，综合产值 46 亿元。

一是搭建英红九号"1＋N＋家庭农场"产业服务平台。以打造省农科院英红九号加工技术服务中心和英九庄园英红九号中央智能茶厂的"1"，率先系统集成了英红九号工艺技术并推广英红九号加工技术标准，并以标准化为切入点打造三个支撑体系，带动建设"N"个英红九号区域加工分中心（初制示范工厂）和辐射多个生态茶园或家庭农场，构建起英红九号产业集群共享服务平台。该平台旨在打造高品质、高稳定性的标准化生产服务体系，提升英红九号高品质产品规模化供应链的能力，逐步实现从种植到初制、精制加工的标准化、集约化、规模化，形成一二三产业各要素充分集聚，"做一旺二抱三"的现代茶叶产业体系。

二是科技支撑英九庄园英红九号中央智能茶厂。中央智能茶厂是广东乃至全国智能化程度最高的红条茶加工集成体系，也是省农科院英红九号加工技术服务中心产业化体系的核心。其主要应用了省农科院研发的"甜韵红茶加工技术""智能萎凋槽及配套技术""揉捻装置及配套技术"等技术组合，极大地提升了英红九号红茶工艺数据化、设备自动化水平，解决了英红九号规模化、标准化、精准化、智能化生产的难题，具有工艺技术先进、清洁化生产、智能化控制、规模能力强等优势。通过英红九号"1＋N＋家庭农场"产业服务平台，在英德区域内形成 10 个直营、20 个联营的区域加工中心，年产干毛茶达 300 万～400 万千克，带动家庭农场茶园面积 3 万～5 万亩，年产值 20 亿元以上，直接带动 1.5 万个种茶家庭，促进 3 万名茶农的平均年收入达 2.5 万～3 万元。加入英德红茶""1＋N'＋家庭农场"产业服务平台发展模式的家庭农场，可通过三种利益联结机制获得收入：第一，通过卖茶青获得种植业的收入；第二，通过投资共建区域加工技术服务中心获得加工环节的收入；第三，通过销售市场服务平台获得销售环节的收入。这种多渠道、紧密合作的收入分配模式有效解决了传统茶产业链农民收益低的问题，极大地提高了农户的经济收入和参与积极性。

三是提高"英红九号"产业整体效益。省农科院通过英红九号"1＋N＋家庭农场"产业服务平台着力提高英红九号的亩产值效益。主要举措有：一是在茶叶加工端发展多茶类生产，英红九号的春茶主要做高档的红茶，夏秋季节的茶青可加工成绿茶、红茶、黄茶和白茶等不同茶类的紧压茶，并利用夏暑低值茶资源，提取有效成分，重点开发茶皂、茶乳液、茶面膜等深加工日用品和研发具有保健功效的茶食品；二是在茶叶种植端重点推进生态茶园建设，以绿色兴茶、质量兴茶为导向，以英九庄园为示范标杆，整合英红九号"1＋N＋家庭农场"产业服务平台上游的专业种植户率先实施应用《广东生态茶园建设规范》、《英红九号种植技术规范》等2项团体标准及《广东茶园生态管理技术良好规范》省级地方标准，对满五年树龄的茶园实行标准化、科学化（禁止使用化学农药、除草剂、叶面肥）种植，统一规范采摘标准并强化监督，切实带动平台所辐射的茶企、家庭农场、专业合作社有效地促进广大茶企、茶农节本增效和保障茶叶品质安全；三是联合下游做好服务，通过中国英德红茶交易中心、集体消费采购、茶商专业定制、线下茶叶专业流通等多种优质效率渠道、优质品牌等进行深度战略合作，实现品牌共建、产业共享。

四是"英红九号""1＋N＋家庭农场"产业服务平台发展模式成效初显。该模式的建立，不仅充分带动英九庄园等代表性茶企生产出更多的老百姓能喝得起的优质茶、放心茶，并以生态品质和价格优势提高以"英红九号"为代表的广东特色茶叶品牌在全国茶叶市场占有率；而且还逐步形成"英红九号"龙头企业集群和培育1个或多个产值超1亿元的重点龙头企业，支撑起广东省首个国家级农业龙头企业，推动"英红九号"的整体亩产值（第一产值）超1万元，并带动广大茶农耕茶致富，真正实现以茶产业兴旺助力英德乡村振兴。通过打造该发展模式，为英德市14万多茶叶从业人员提供技能型新型职业农民培训的场所，为英德红茶产业高质量发展培养出一批具有工匠精神的专业化产业技能型人才，实现由"小农"到"产业人才"

转型。

"英红九号""1＋N＋家庭农场"产业化服务平台发展模式经过两年时间的运行，成效凸显。当地现有 55 户家庭农场与英九庄园签订产业化联合体合作协议，紧密合作茶园面积 3 000 亩，示范带动英红镇茶园面积 1.3 万亩，辐射带动英德市茶园面积 14.1 万亩。直接带动了英红镇田江村、龙头影村、河角村、云岭社区等村委共 500 多人就业，茶农年平均收入 2.8 万元，对口帮扶英红镇田江村贫困户 26 户，贫困户每户年增收 4 000 元。

五是"英红九号""1＋N＋家庭农场"产业服务平台发展模式广获好评。该发展模式运行以来，在发挥龙头作用带动英德红茶产业高质量发展上取得的突出成效得到了各级领导的充分肯定。2019 年 8 月 15 日，广东省人民政府马兴瑞省长到清远市调研破解城乡二元结构改革试点工作时，充分肯定英红九号"1＋N＋家庭农场"产业化服务平台发展模式，并指出："这是打造茶叶种植加工的'温氏模式'的重要方向，要形成规模效应并将其推广到全省茶产业中"。2019 年 10 月 21 日，全国政协原副主席白立忱同志率全国政协调研组到英九庄园调研英德茶产业发展情况，在听取"英红九号""1＋N＋家庭农场"产业化服务平台发展模式取得的成效后表示，这是他多年来看到很满意的、能解决企业和农户利益共享的一个模式，以合作社的形式，让农民既能有种植农产品的初级利益，又有加工利益，还能有市场利益，这种模式可以稳定人心，实现茶产业健康发展。2019 年 10 月 22 日在英德举办的第十五届中国茶叶经济年会上，中国茶叶流通协会王庆会长将"英红九号""1＋N＋家庭农场"产业化服务平台发展模式作为典型案例，向参会的全国茶叶界专家、企业家和新闻媒体推广宣传，并认为"这是中国茶行业的创新之举"。2020 年 4 月 3 日，广东省政协副主席邓海光同志到英德调研春茶生产及产业发展情况时，在听取"英红九号""1＋N＋家庭农场"产业化服务平台发展模式及其联农带农成效情况介绍后，他提出"要大力推广这一创新模式，做大众喝得起、喝得放心、品质稳定的口粮茶"。

省农科院创新"院地合作"模式
为乡村振兴增添新动能

省农科院深入贯彻落实习近平总书记关于"三农"工作重要论述和省委、省政府"1+1+9"工作部署，主动融入乡村振兴主战场，以科技推动产业兴旺，创新探索出"共建平台、下沉人才、协同创新、全链服务"的院地合作模式，得到地方党政部门和农业经营主体的高度认可，引领全省科技服务创新热潮。省委、省政府在《关于加强乡村振兴重点工作决胜全面建成小康社会的实施意见》中要求强化涉农院校、科研院所科技支撑作用，巩固推广省农科院"院地合作"模式。

一、坚持共建平台，为增加地方科技资源出实招

紧紧围绕乡村振兴需要，与地方政府优势互补、合作共建科技工作平台，持续推动科技资源向基层汇集，全省到处活跃着省农科院的科技元素，打造出乡村振兴的农业科技新引擎，凝聚起强大科技合力。一是共建地方分院平台。根据地方科技需求，省农科院与12个地级市政府和1个县政府共建了13个省农科院地方分院（促进中心），按照"科技攻关、集成推广、成果转化、人才培养"的工作任务，每年安排1000万元专项资金，派出80多名专家带项目、带资金、带技术常驻地方，联结全院科技人员全力服务地方和产业，成为地方农业科技工作的领头羊。近三年来，通过分院开展院地人才互访交流276次、院地企对接837场，推介各类成果3467个次，与地方联合实施科研攻关及技术推广项目175个，承担地方政府委托的科技攻关项目139项，提交工作研究报告146个并有58个被采用。具体承担编制完成《广东省实施乡村振兴战略规划（2018—2022年）》等20多个发展规划，帮助地方党委政府拟制17项"三农"工作政策文稿，为梅州、韶关、河源等地庆祝中国农民丰收节活动展示现场提供从设计到施工全程技术服务，打造

出乐昌和村等农旅结合新基地。二是共建产业服务平台。与佛山、梅州、韶关、肇庆、汕尾等市政府在共建分院基础上，围绕发展特色优势产业集群、都市农业等共建乡村振兴科技示范市，与河源东源县、广州增城区、清远连南县探索整县域推进科技合作，建立了乐昌岭南落叶果树研究所等 28 个专家工作站，撬动各地安排 2 000 多万元产业科技专项，围绕 26 个地方特色主导产业，联合组建 49 个科技团队开展大调研、大攻关、大推广，实现产业发展质量新提升。与省农业农村厅、广州市农业农村局共建广州粤港澳大湾区"菜篮子"研究院，努力打造科技支撑蔬菜产业高质量发展典范。三是提升地方科技资源效应。安排 40 名副高以上职称专家对接帮扶 40 个市县农科所，整合科技资源，激活科技力量，在学科建设、项目申报、成果凝练等方面系统指导，联合分院平台与地方联合申报并获批成果 90 个，帮助佛山、梅州等多个市级农科院所实现全国农牧渔业丰收奖等省部级奖项"零"的突破，传帮带式带动提升了基层农业科研机构创新和推广能力，增强服务区域产业发展水平。

二、坚持下沉人才，为壮大基层科技力量鼓实劲

完善人才考核评价机制，将服务"三农"工作纳入单位和人员考核评价体系，推动高素质人才下沉地方，以专家服务团、科技特派员、带培本土专家等方式，与地方联动共同打造出一支"政府信得过、企业用得上、农民离不开"的科技队伍，从根源上壮大基层农业科技工作力量。一是组织专家服务团下乡。聚焦水稻、果树、蔬菜、茶叶、畜牧等广东特色优势产业，组建由院长任团长的科技专家服务团，设 7 个分团，选派行业学科领军人物为领队，280 名副高以上职称、多学科协同配合的专家作为成员。仅 2019 年就有 1 200 多人次专家深入到 92 个县（市、区）的 300 多个镇村开展技术服务，实现配备一批专家、服务一片产业的目标。二是组织科技特派员上门。组织科技特派员带技术、带项目、带团队形成"科技特派团"深入生产一线，帮助解决产业实际难题。选派 400 多名农村科技特派员对接服务 236 个相对贫困村，精准对接服务农业产业，服务贫困户 2 500 多户，通过结对帮扶、示范指导、集中培训等途径，促进贫困村产业实现高产值，服务全省脱

贫攻坚大局。2019年，在全国科技特派员制度实施20周年之际，省农科院成为广东省唯一受到科技部通报表扬的单位，《农民日报》以《科技沉下去，产业旺起来——广东省农科院科技特派员兴农富民记》为题做了深度报道。三是带培本土专家入户。通过"请进来、走出去"方式加大对基层农技人员的培训力度，带动和培育本土人才。每年通过院本部带训和分院平台互动、新型农民培训与直播平台、农科大学堂APP线上互动相结合的方式，培训地方科技人员、职业农民、种养能手、乡村工匠等6 000多人次，培育了一批可稳定扎根当地、能解决实际问题、会推广先进技术的本土专家，为产业振兴提供了人才支撑。四是共同选引高层次人才。创新探索以"使用地方编制，省农科院兜底"的方式，与汕尾市联合招聘博士等高层次人才。招聘的人才使用汕尾市当地编制，在当地工作，参加省农科院科研团队，省农科院指派导师一对一培养，在当地工作满5年并经考核合格后可根据本人意愿继续留在当地工作或调到省农科院工作，以缓解地方高层次人才招不来、留不住的困局。

三、坚持协同创新，为破解产业科技难题用实策

围绕产业发展的关键问题，组织省市县专家团队协同攻关，组建企业研发机构，释放科技创新要素活力，多措并举解决了一批产业发展关键技术问题，有效提升创新水平。一是打造产业创新链条。多方合作，形成省农科院、地方农科所、企业研发机构协同创新的链条，全面提升科技支撑产业高质量发展的能力。围绕荔枝、茶叶、菠萝等特色优势产业高质量发展目标，联合相关高校和有基础的市县农科机构，针对关键技术问题开展联合攻关与推广，在解决荔枝大小年、防控菠萝黑心病、茶叶标准化生产等8个关键技术问题上实现初步突破，建立示范基地良种良法覆盖率超60%，辐射带动面积超5万亩。联合政府部门和农业龙头企业、大型涉农企业建设研发机构，向合作共建的34家研发机构、346个示范基地，派出领军专家和长期驻点与柔性服务相结合的专家团队，围绕产业发展关键技术问题开展联合攻关，产生了"鸡球虫病疫苗"等一批大成果，解决了20多项企业想突破的重大科技难题，制定了30多项行业或企业标准。二是增强企业创新能力。

实施农业企业科技支撑计划，与大型企业开展联合科技攻关，与中小微企业共享公共创新服务平台，向合作企业开放全院 100 多个国家级和省部级农业科研平台，每年联合申报项目 100 多个，派出企业科技特派员 100 多人次，有效降低企业创新成本，提升企业创新投入精准度，推动企业创新能力快速提升。组建了广东金颖农业科技孵化平台，汇聚各类创新资源，构建起"创业苗圃—孵化器—加速器"科技创业孵化链条，倾力打造成"农业科技创新硅谷"，吸引 137 家农业科技企业入驻，累计孵化毕业企业 14 家，入驻企业年总产值超 60 亿元。建立起轻资产科技服务体系，科技支撑广东永顺生物制药股份有限公司等一批企业成为上市企业、国家级农业龙头企业或高新技术企业。三是促进成果融进产业。建立科技成果转化平台，制定推动科技成果转化的激励措施，联动企业推动科技成果快速产业化，惠及众多企业，释放出科技成果转化乘数效应。近 3 年全院科技成果转化合同金额超 2.38 亿元，位居全国省级农科院所前列，其中单笔转让金额超 500 万元的重大成果有 7 个。

四、坚持全链服务，为产业持续高质发展下实功

聚焦现代农业发展，加强多学科协同，率先组建全产业链专家团队，持续增强科技支撑产业高质量发展力度。一是全力支撑现代农业产业园建设。探索出"一园一平台，专家进企业"的产业园科技服务模式，组建了 132 个全产业链科技服务专家团队，为粤东西北 114 个、珠三角 18 个省级现代农业产业园提供全链条、全方位、全天候科技服务，解决了产业园中 40 多个关键技术问题，为产业园企业选育及推广了 65 个新品种、研发及推广 73 项新工艺，为产业园企业提供了 5 055 人次的技术培训，探索出支撑产业园建设的"海纳模式"和"海丰经验"，得到各级党委、政府和产业园实施主体的高度认可。二是全力支撑富民兴村产业建设。加强先进实用科技研发，品种和技术连续 4 年在省农业主导品种和主推技术中占比分别超 60% 和 70%，增强了服务富民兴村产业的能力。开展"科技进千村"工作，按照"一村一专家、一镇一小组、一县一团队"服务形式，派出 1 000 多名科技人员为 200 个以上农业特色专业镇、1 000 个以上农业特色专业村提供挂钩联系和

科技服务，为佛山基塘农业、新会陈皮、清远鸡、九峰黄金奈李、德庆柑橘、东源仙湖茶等30多个乡村特色产业发展解决了一批技术难题，其中"广东佛山基塘农业系统"入选第五批中国重要农业文化遗产。三是全力支撑农产品质量建设。聚焦研制标准品种、投入品、生产技术等关键环节，从生产到加工、营销、品牌建设全过程靶向精准服务，研究推广"生态茶园建设规范"等一批生产标准，为优质安全农产品生产提供全程核心技术保障，科技支撑打造英德红茶、三水黑皮冬瓜等20多个国家和省级农业品牌，助力"小特产"升级为"大产业"，富裕一方农民。四是全力支撑突发灾害应急工作。面对"龙舟水"、非洲猪瘟、新冠肺炎疫情等突发灾害事件，与省农业农村厅、科技厅、财政厅等部门协调联动，打出"政策＋科技"组合拳，第一时间派出包括疫病防控、质量安全、生产管理等领域专家团队提供技术指导，最大限度减少群众损失，为乡村振兴营造稳定环境。在防控新冠肺炎疫情关键时刻，迅速组织专家编著出版均为全国同类首本的《农村新型冠状病毒肺炎防控指南》、《战"疫"进行时　科技助春耕——2020年春耕生产技术要点》，有效指导各地开展农村防疫和春耕备耕；与联合国粮农组织等共同出版全球首本畜禽领域抗疫指南，为世界各国制定疫情下畜禽生产和动物疫病防控政策以及开展疫情防控、复工复产提供了指引。

（部分内容摘自《广东省实施乡村振兴战略工作简报》第150期，2020年7月10日）

省农科院服务"三农"的经验及启示

改革开放特别是"十三五"以来,省农科院围绕乡村振兴、现代农业产业园建设、农业高质量发展,调整科研主攻方向及创新着力点,不断夯实科技兴农的基础,打通服务"三农"的最后一公里,科技综合实力在全国省级农科院系统中保持前列。作为农业科技创新、服务"三农"的主力军,省农科院为广东乃至华南地区农业发展作出了重大贡献,是习近平新时代中国特色社会主义思想在广东"三农"领域落地生根、结出的丰硕成果。对该院2019年的工作,省委副书记、省长马兴瑞、省委常委叶贞琴给予肯定批示。认真总结和推广省农科院科技创新、服务"三农"的经验,对广东省打赢"三农"领域疫情防控阻击战、加快实施乡村振兴战略、率先实现农业农村现代化具有重要的现实意义。

一、突出成效

"十三五"以来,省农科院全院科研立项和到位经费年均增长15%以上,年人均科研项目经费超过40万元,成果转让、技术入股的项目数和到位经费年均增长10%以上,农业科技创新和服务"三农"能力水平持续增强,综合实力居全国省级农科院前列。

(一)科技创新再提升

党的十九大以来,省农科院科技创新再上新台阶。2018年省农科院首次进入农业科学ESI前1‰的科研院所行列。2019年省农科院新增的农业科学及植物与动物科学两个学科进入ESI前1‰行列,项目奖励等取得新突破,共获得科研项目立项1085项,经费约3.76亿元,承担重大项目上有新突破,牵头申报国家重点研发专项2项并获得立项,横向项目经费0.88亿元,创历史新高;国家基金立项31项,立项数居全国省级农科院第三,仅次于江苏院和北京院;获得科技奖励57项,通过审定品种190个;获得授权专利 93 件，制定标准 18 个，获植物新品种权 13 个，新兽药证书 1 项；公开发表期刊论文 600 篇，其中 SCI 收录论文 248 篇；有 62 个品种、63 项技术入选 2019 年广东省农业主导品种和主推技术，分别占全省农业主导品种的 63.26%、主推技术的 69.66%。

（二）成果转化结硕果

省农科院采取了一系列重要创新举措，成果转化多项数据排名位居全国省农科院所前列。因此，多次得到省领导、农业农村部科教司、省农业农村厅、省科技厅的充分肯定，在 2018 年底召开的全国农业农村厅局长会议上做了经验介绍，山东、浙江、黑龙江等省先后派人到广东省农科院学习考察，形成了可复制的新经验。

（三）学科建设上台阶

省农科院高度重视学科团队建设。形成了 5 个攀峰、8 个优势、12 个特色、10 个培育，共计 35 个学科团队，组建了 7 个新兴学科团队，加强了基础和应用基础研究。同时，重点支持分子生物育种与生物信息学、智能农业与信息农业、农业生态与安全等 9 大新兴学科建设。与广东海洋大学开展战略性合作，拓展和加强水产等领域研究水平和团队建设。

（四）人才引育创佳绩

目前，省农科院专业技术岗中具有博士学位的占 54.3%。2016 年开始实施院"金颖人才"计划。近几年来，新增国家"万人计划"科技创新领军人才 2 人，国家创新人才推进计划重点创新团队 1 个，中青年科技创新领军人才 1 人，享受国务院政府特殊津贴专家 24 人，农业部农业科研杰出人才及其创新团队 2 个，入选"广东特支计划"10 人，有 77 位专家入选国家和省农业产业技术体系。

（五）咨询服务出实效

近几年省农科院多篇咨询报告被采用。部分报告内容吸收为省委省政府服务"三农"的科学决策；部分咨询报告获得农业农村部等有关中央部门领导的重视和批示。省农科院农经所联合省发展和改革委编制《广东省乡村振兴战略规划（2018—2022 年）》，协助省农业农村厅编制《广东省质量兴农战略规划（2018—2022 年）》。承担东莞、汕尾、江门、潮州、乐昌等地市县的乡村振兴战略规划的编制工作，为各地乡村振兴提供决策咨询。

（六）体制机制新突破

省农科院坚持从体制机制入手，印发《广东省农业科学院科技成果转化管理办法》、《广东省农业科学院关于深化院企合作的意见》，对加强"院、地、企、校"对接，建立亲清院企关系作出了具体规定。完善考评机制，实施科技创新、服务"三农"、人才队伍建设、科技开发四大考评制度，重点修订科技奖励制度，将科技产出奖励提高到奖励性绩效核定总量的60％以上。建立青年科技人员导师制，遴选97名导师指导培养111位青年科技人员。建立"懂农业、爱农村、爱农民"的干部队伍和激励机制。同时，建立经费投入新机制，设立院（所）乡村振兴行动计划专项基金；根据任务和方案内容，向上级主管部门申请相应经费支持。

（七）探索形成新模式

经过多年探索，省农科院逐步形成了"12356"的发展新模式。即围绕"建成有产业支撑特色的国内一流的高水平农业科学院"的发展目标，坚持"科技创新、服务'三农'两翼齐飞"的发展路径，按照"创新立院、人才强院、开放办院"的发展方针，实施"自主创新与能力建设工程、协同创新与分院建设工程、成果转化与服务产业建设工程、人才培养与团队建设工程、党建民生与机制创新工程"等五大工程，全面深化体制机制改革，努力走出一条自身特色的"院地企产学研"深度融合的高质量发展之路。这一模式大大提升了省农科院的自主创新能力、产业支撑能力、人才培养能力和创新创业活力。

二、主要经验启示

（一）坚持党的领导是做好服务"三农"工作的根本保证

省农科院党政领导始终保持政治清醒，提高政治站位。一是以政治建设为统领，履行好政治引领责任。教育引导全院干部自觉用习近平新时代中国特色社会主义思想武装头脑，提高政治站位，树牢"四个意识"，坚定"四个自信"，做到"两个维护"。二是加强院党委自身建设，不断增强政治素质和政治能力。院党委严格遵守党内法规，严肃党内政治生活。三是聚焦思想建设，履行好党员理想信念教育责任。院党委把坚定理想信念作为党员干部思想建设的首要任务。四是聚焦干部队伍建设，履行好党管干部职责。深化干部人事制度改革，完善选人用人制度建设，加大人才引进与培养力度。五是聚焦营造风清气正的政治生态，履行好党风廉政建设责任。

（二）省委省政府重视和支持是做好服务"三农"工作的坚实基础

广东省委省政府历来高度重视"三农"工作，大力支持省农科院建设。一是从 2013 到 2016 年，省委省政府下发了一系列对农科院工作具有直接和间接关系的文件，明确省农科院的发展方向。二是资金支持逐年加大。如从 2017 年开始，省政府每年编列专项经费用于省农科院地方分院、现代农业促进中心和专家工作站的建设和运行支出。省农科院充分发挥财政政策导向功能和财政资金杠杆作用，引导民间资本投入"三农"领域。

（三）遵循规律是推动"三农"工作科学发展的重要法宝

习近平总书记强调："发展必须是遵循经济规律的科学发展，必须是遵循自然规律的可持续发展。"推动"三农"工作科学发展尤其如此。发展农业首先要遵循价值规律。按照其要求必须根据市场需要进行生产；不断提高产品质量，以质取胜；通过提高效率，降低产品成本，以价格优势赢得市场。省农科院自觉遵循这一规律，整合资源，以良种良法为引领，取得良好效果。其次，农作物受自然力的影响最为明显，如：气候、自然灾害、土质等对农产品的数量、质量的影响极大。许多农产品的大、小年问题难以改变，这就要求发展农业经济、服务"三农"要特别注意遵循自然规律，省农科院在这方面也做出了很好成效。

（四）坚持体制机制创新是激发"三农"工作主体积极性的内生动力

院主要领导从体制机制上进一步激发科技创新动力和活力，提出要"走出去、找事干"。一是完善激励机制。主要是把职称评聘和干部使用均与基层锻炼经历挂钩，二是实施科技奖励制度，激励科技创新与服务产业相结合；完善收益分配制度，制定和完善科技创新与成果转化制度体系，激励成果转化。三是建设服务地方政府、企业的平台。主动与地方政府共建分院、促进中心，搭建服务地方的科技平台；建设科技成果转化服务平台和孵化器，深化院企合作，支持企业技术创新；培育创新创业主体，聚集孵化农业企业。四是完善考评机制。实施院属科研单位四大考评，促进争先创优；完善职称评聘条件和人才评价机制，畅通科技人员职称职务晋升通道。

（五）狠抓农业科技创新与转化应用是推动"三农"发展的核心

以省农科院国家农业科技园区为基础，参与建设国家农业高新技术产业科技示范区。推进建设农业部华南都市农业重点实验室建设，开展智慧农业研究与应用，构建农业物联网与大数据研究应用平台。组建设施农业研究所，开展设施农业栽培、都市农业研究，组建农业智能与机械化研究团队。成立粤港澳农产品质量安全与营养研究中心，大湾区菜篮子工程研究院，开展粤港澳大湾区科技合作。由农业经济与农村发展研究所牵头，建立科技支撑乡村振兴研究中心，开展贫困防控和乡村治理体系、乡村振兴科技支撑政策与体制机制等研究。

（六）打好人才组合拳是提升服务"三农"工作能力的关键

一是加强对人才工作的领导。院成立人才工作领导小组，由院党政主要领导亲自挂帅担任组长，分管院领导任副组长；制定并实施人才引进奖惩制度；完善事业编制人员招聘工作程序，完善人才引进工作程序。二是盘活人才资源，搭建好人才梯队。实施金颖人才计划，激励人才成长；实施团队建设计划，打造创新团队；三是大力引进新兴学科人才。支持院属单位引进新兴学科人才、招聘科研人员，并在金颖人才项目遴选时给予指标倾斜；科研人员招聘向新兴学科倾斜。四是凝心聚力，激发人才活力。院所领导班子成员分批次、定期性、针对性与青年博士开展谈心谈话，及时了解职工思想、工作和生活状况。与此同时，通过院地合作机制，努力为地方培养人才，全省形成一支党委政府"信得过、用得上、离不开"的农科人才队伍。

三、发展展望

省农科院虽然取得了巨大成就和创造了重要经验，但科技人员总量不足，高层次人才较为缺乏；科技产出水平不够高，重大科研突破与成果不多；学科领域和方向拓展不够，与社会经济发展对科技需求有差距，科技人员积极性有待进一步提高等问题依然不同程度存在。今后，省农科院要继续坚持以习近平新时代中国特色社会主义思想为指导，坚持做强主业（科技创新能力强）、做活事业（服务"三农"机制活）、做大产业（现代农业格局大），以制度创新促进科技创新，重点在实施乡村振兴战略、建设现代农业产业园区、农业供给侧结构性改革等方面精准发力，努力把省农科院建设成为全国一流、有国际影响的高水平农业科学院，建议重点应抓好以下工作。

（一）进一步提高服务"三农"的看家本领，认真实施乡村振兴战略

迈进新时代，省农科院要以振兴乡村战略为己任，坚持创新立院，围绕农业科技创新主业不动摇。为适应现代农业高质量发展和全产业链科技支撑的需求，将着力提高科技创新的积极性，提出并实施学科建设和研究领域拓展新方案作为新的奋斗目标和"十四五"规划的重要内容。作出粤港澳大湾区和深圳建设中国特色社会主义先行示范区的农业科技发展规划。凝练农业科技关键核心技术和"卡脖子"技术，提出科技创新体系和创新能力建设新方案。加强国家自然科学基金、重点研发项目及省重点领域研发计划项目等方面的组织申报。加强高水平科技成果的凝练，争取获得国家级科技成果重奖。瞄准前沿，积极布局。推进建设农业部华南都市农业重点实验室建设，开展智慧农业研究与应用，构建农业物联网与大数据研究应用平台；积极参与省实验室、广州国家现代农业产业科技创新中心等大型科研平台建设。建设运行好广东省农业生物种质资源库。组织技术攻关，解决荔枝等农产品的保鲜和克服大年小年问题。

（二）进一步行稳致远，强化农科院系统工作的协调性

"上下同欲者胜"。广东率先全面建成小康社会，实现"四个走在全国前列"，当好"两个重要窗口"目标，最大的短板在农村，最突出的短板在粤东西北。补齐短板的关键在农业，根本靠科技。省农科院要进一步高瞻远瞩，行稳致远，把强化创新驱动，助推广东率先全面建成小康社会作为义不容辞的光荣使命。因此，围绕广东省发展现代农业、建设农业强省的科技需求、优化调整省农科院现有科研资源，在不改变原隶属关系的前提下，与国内外农业科研机构、农业技术推广机构、高等院校等建立战略联盟，实现资源共享，构建广东省农业领域学科齐全、优势突出、科技创新与科技服务紧密结合的农业科技创新体系。加强与省职能部门沟通，积极争取省财政厅、科技厅、农业农村厅等职能部门支持。加强与地方政府沟通，分院院领导每半年与地方政府相关负责人共同主持召开分院联席会议，围绕地方党委和政府要求开展相关工作，以取得更大成效。

（三）进一步重视队伍建设，加强优秀人才引进培育力度

坚持人才强院，提升核心竞争力。牢固树立科技人员的主体地位，通过制度创新、文化创新建立分配激励、竞争激励新机制，完善科技人才引育机制，优化科技人才队伍。进一步完善院科技人才引进与培养办法、学科团队建设办法，提高进人标准，尤其要重视农业科技领军人才培养和引进，进一步优化队伍素质。建立院人才培养专项机制，着力建设高水平人才队伍。探索建立青年科技人员导师制，做好新老交替压担子，探索建立课题组长制；重视博士后招收培养工作，理顺博士后待遇，充分发挥博士后及其导师的作用；规范干部选拔任用工作，制定院中层领导干部任用管理办法，选优配强院中层领导班子；探索与乡贤合作支撑乡村振兴新模式。

（四）进一步完善工作平台，坚定推进院地企校融合发展

坚持开放办院，明确服务宗旨，根据地方政府的特殊需求，量身定做技术支撑方案。加快推进与佛山市政府共建科技合作示范市，与梅州市政府共建乡村振兴农业科技合作示范市，与肇庆市政府共建粤港澳大湾区绿色优质农产品供给示范市，与广州市增城区开展乡村振兴全面战略合作。通过设立"省市县农业科研机构科研与示范能力提升专项"，为市县农科院（所）培养一批科技人才。加强国际科技合作，继续推动科技人员出国培养、进修。与港澳地区高校、科研机构共建科研平台，联合申报一批粤港澳大湾区科技创新项目，成立粤港澳农产品质量安全与营养研究中心，开展粤港澳大湾区科技合作。

（五）进一步创新工作机制，激发全员干事创业的激情活力

要进一步创新管理、监督、分配和考评机制。坚持放管结合、优化服务，分别修订纵向和横向项目管理办法、院属单位财务管理办法、院公章管理办法等。建立院属单位党政主要负责人党风廉政建设共同第一责任人制度，加强与驻省农业厅纪检组派驻组的沟通协调，支持他们对省农科院的综合监督。建立按要素分配、多劳多得的分配激励机制，进一步完善科技成果转化分配办法、科技成果奖励办法，改革奖励性绩效分配办法，切实打破大

锅饭。探索建立科学合理的考核评价机制，将成果转化、技术服务等指标作为与科技创新同等重要的指标，纳入科研机构和科技人员的考核评价中。

（六）进一步加强农科智库建设，为实施乡村振兴战略提供决策参考

加强农业科学技术智库建设十分必要。发展现代农业科学技术是一个全国乃至全球的问题。全国乃至全球为发展现代农业，进行科技创新的许多成功做法和宝贵经验，都会有值得广东省借鉴的地方。当然，地处东南沿海的广东省又有许多独特之处。这就要求广东省农业科技的发展不能照搬他地经验，必须从广东实际出发，因地制宜，因时制宜，进一步探索广东省农业科技发展的新路子，因此，有必要加强智库建设，组织专门人员调研、收集全国乃至全球发展农业科技信息，筛选出为我所用的经验，应用于广东省。同时，农科智库作为农科院的"大脑"，还要组织人员对制约广东省农业发展的重点难点技术问题进行攻关，并对影响广东省农业发展的体制、机制问题深入研究，提出解决问题的对策，为省委省政府实施乡村振兴战略提供决策参考。

（摘自郑红军等撰写的文章）

反响篇

一篇篇媒体报道为院地合作"加油鼓劲"

坚守服务三农初心，科技强农
模式创新的"引领者"

省农科院下乡记

中央 1 号文件连续 10 多年关注"三农"问题。然而，当前农村面临的现实困境是，和大多数创新资源一样，农业科技资源也大多分布在广州等珠三角地区。粤东西北农村怎样分享更多的科技红利？广东省农科院与地方政府探索共建农业科技创新平台，其经验值得思考。

"广东省农科院韶关分院设立之前，我需要跑到外地去学习、取经。现在，省农科院建到了家门口，我可以向驻院的专家们讨教，许多难以解决的技术难题都迎刃而解。"申丽萍在韶关经营着一家农家乐，同时还种植几十亩大棚蔬菜。让申丽萍兴奋不已的是，2016 年她第一次种植大棚蔬菜，就收获了好价钱。

申丽萍尝到的甜头得益于省农科院在韶关所建设的分院，这让她足不出户就能获取一手的技术信息。"去年年底决定种大棚蔬菜，在第一步建温室大棚时就遇到了疑惑。"申丽萍第一时间找到了省农科院韶关分院办公室主任姜波，详细了解了大棚灌溉、通风、保温等各个步骤的细节。

中央 1 号文件连续 10 多年关注"三农"问题。今年的主题聚焦农业供给侧改革，其核心是提高农产品的质量效益和竞争力。然而，当前农村面临的现实困境是，和大多数创新资源一样，农业科技资源也大多分布在广州等珠三角地区。粤东西北农村怎样分享更多的科技红利？

农业科学家要走遍广东山山水水

"广东现代农业体系需要什么支撑？珠三角和粤东西北的农民有什么需求？"面对这些问题，广东省农科院副院长何秀古认为，省农科院与地方政府共建分院，就是一次"接地气"的探索。

事实上，早在几年前省农科院在调研中就发现，基层农业对于技术有着大量的需求。省农科院科技合作处处长刘建峰为《南方杂志》记者举例道，广东农产品市场面临着激烈的国际竞争。比如，水果市场有来自进口水果的竞争压力。"广东的农业生产受到农产品价格'天花板'压顶和生产成本'地板'抬升的双重制约。农业生产效率面临挑战，这些就产生了大量技术需求"。

而如何提高农业生产效率？省农科院如何更好地服务"三农"？下乡了解广东农业的真实需求，有针对性地提供技术和服务，成为省农科院提出的解决对策。

广东省副省长邓海光也曾在省农科院调研时提出，广东省农科院不是天河区的农科院，更不是有着几千亩试验基地的农科院，而是广东17万多平方公里的农科院，农业科学家要走遍广东的山山水水。

共建分院便应运而生。自2015年起，省农科院陆续与地方政府联合共建9个分院（促进中心），覆盖全省重点区域。"建设这些分院的目的，就在于打造广东农业的创新驱动发展区域公共服务和成果孵化平台，解决'最先一公里'和'最后一公里'的问题。"刘建峰介绍，分院的建设可以全面提升省农科院服务政府、服务企业、服务产业、服务社会的能力。

有数据显示，仅2016年一年，农科院5个分院共派出30名青年科技人员开展第一批驻点工作，开展地方农业科技发展需求调研，撰写调研报告19份；与地方依托单位联合开展科技合作项目36项，落实项目资金640万元，举办田间现场观摩会、交流会等32场，试验示范新品种542个，新技术38项；组织专家举办农技培训班31场，派出讲课专家51人，培训农技、农户人员1500人。

科技"二传手"

用"二传手"来形容省农科院分院的角色定位再形象不过了。通过分布在各地的分院,技术和人才可以更加精准有效地输送到所需要的地区。

2016年3月,省农科院依托韶关市农业科技推广中心成立了韶关分院。原本在省农科院果树所工作的姜波,也随之转到韶关分院工作,同时带去的还有过硬的专业知识。《南方杂志》记者在韶关分院走访期间,就有农民上门来询问姜波关于皇帝柑品种的选择问题。

"地方分院能顺利把地方的农业特色企业与省农科院对接起来,减少了企业找技术的弯路,也能顺利让科学技术落地。"在姜波看来,分院这个"二传手"角色让双方都节省了时间。

韶关仁化县润华农业科技有限公司负责人彭金华对此有着深刻的体会。"去年,公司给柑橘苗多施了肥料,盼着树苗长快一些,结果却使得一个棚几万株柑橘苗'烧根'。我找到韶关分院寻求帮助,根据他们的专业指导,最终挽回了十几万元损失。"

除了服务企业、农户,省农科院更重要的一个合作伙伴就是地方政府。

以仁化县为例,县里不仅有国家现代农业示范区,还有着成规模的柑橘种植产业。"作为国家现代农业示范区,农业科技支撑是必不可少的。"仁化县政府副县长梁钰清告诉《南方杂志》记者,省农科院韶关分院为仁化县柑橘品种的培育提供了不少技术支持,从源头上防范柑橘苗感染病毒。

而在几年前,像仁化县这样的粤北地区还十分欠缺农业现代化技术支持。比如,仁化县仁化镇胡坑村因为柑橘黄龙病泛滥,整个村子的贡柑树全部被感染,损失惨重。

"地区分院在提供技术与服务之外,更为重要的是还能培训基层农业科研人才。"在何秀古看来,基层农业科研人才的持续性培养,对于地方来说尤为重要。

让农业分享更多科技红利

"资金的缺失、机制体制的不顺畅等原因,使得现阶段制约了更多科技红利的释放和共享。"刘建峰坦言。

而身处广东省农科院韶关分院的姜波更是对此深有体会："作为省农科院在地方的常设服务机构，韶关分院不具备与服务对象对等的条件，不能作为独立法人。因为这个原因，我们与很多机会失之交臂。"

去年，韶关的国家现代农业示范区有个农业科技孵化器平台建设项目。韶关市科技局主动找到姜波，希望他能申报这个项目。可这样的好机会却因为分院不具备法人资格而白白丢掉。姜波至今回忆起来还带着遗憾："我们这里有技术、人才、专利和专家，如果能申报建设这个孵化器项目，就能有个实实在在的平台为中小农业企业提供技术支持。"

"如果能在体制机制上理顺，我们与企业的合作就会更加高效。"姜波说。

同样，在刘建峰看来，体制机制顺畅之后可以吸引更多的地方政府资金。"分院如果成为独立法人，地方政府就能划拨专项资金过来。有了资金，能投入到更多的科研项目中，能调动科研团队的积极性。"

"政府如果设立分院专项资金，也能激活农业科技的红利共享，让省农科院在地方开展工作有了手脚。像江苏、浙江、福建等省份，在农科院分院建设上均有专项资金。此外，培养分院自己的科学家也能持续地释放红利。"刘建峰说道。

（2017 年 5 月 31 日《南方杂志》259 期）

院地合作耀东源

"我们县气候条件、生态环境优越，在农业生产方面有着得天独厚的区位优势。这次省农科院跟我们签订战略合作协议，标志着我们的合作迈上新的台阶。"东源县委副书记、县长骆世文跟记者介绍。

广东省农业科学院历来高度重视院地、院企合作，强化农业科技支撑作用，推进科技资源向农业特色产业集聚。本月初，广东省农科院院长陆华忠率队到东源县参观考察农业企业和生产基地，省农科院与东源县政府签订《战略合作框架协议》，双方共建广东省首个县级农业发展促进中心，全方位支撑东源农业发展。

2016年5月，习近平总书记在全国科技创新大会上讲话中指出，广大科技工作者要把论文写在祖国的大地上，把科技成果应用在实现现代化的伟大事业中。要深入研究和解决经济和产业发展亟需的科技问题，围绕促进转方式调结构、建设现代产业体系、培育战略性新兴产业、发展现代服务业等

方面需求，推动科技成果转移转化，推动产业和产品向价值链中高端跃升。本次省农科院与东源县达成院县合作，将携手实施创新驱动发展战略，推动东源县域经济更好更快发展。

科技支撑农业生产

"我们县跟省农科院在蔬菜、水果、茶叶、农产品加工和休闲旅游等众多领域有 20 多年的合作历史了，省农科院提供的科技支撑着东源县农业产业的持续发展。"骆世文总结道。

东源县副县长郭周正跟记者介绍："省农科院植保所与我们合作进行板栗病害虫安全防控关键技术的推广和应用，仅 2010—2013 年，四年间推广应用面积超过 60 万亩，创造经济效益超过 20 亿元。"柠檬是东源县的特色农产品，农科院果树所和加工所为当地的柠檬生产提供了全方位的技术服务，"农科院为我们提供黄龙病防控关键技术，进行柠檬精深加工及副产物综合利用关键技术的研究与示范，协助解决企业柠檬冻干片褐变技术难题。去年，果树所、加工所还和我们当地的龙头企业三方共建了新型研发机构，为河源市柠檬产业的发展提供产前、产中、产后全方位的服务，及时将农科院的成果转化为企业生产力。"

河源是传统炒茶的产地，桂山茶、康禾茶曾为贡品，在茶叶产业方面，茶叶所帮助企业占据标准化生产高地。东源县农业局相关负责人介绍说，"2002 年起，农科院茶叶所就在东源县上莞镇仙湖茶产地进行系统的开发研究，在广东省首次提出客家炒茶的标准化生产技术，打造出仙湖茶品牌和广东省名优茶，仙湖茶生产成为当地脱贫致富的主要途径。"

蓝莓产业是河源地区近几年发展的新兴产业，河源市规划在主体部分位于东源县的灯塔盆地示范区投资 10 亿元，到 2018 年底建设蓝莓基地 10 万亩。"省农科院积极与我们对接合作，在蓝莓品种、栽培、加工、技术培训及休闲旅游等方面提供全方位服务，促进蓝莓一二三产业融合发展。"郭周正这样说。

陆华忠院长在茂青蓝莓基地

为企业发展解决核心技术难题

除了在农业生产领域，省农科院与东源县在农产品深加工领域也有着长时间的深度合作，并为当地多家企业解决了发展的核心技术难题。在走访中，东源县农业局一工作人员跟记者坦言："农科院为我们东源县打造了一家省级现代产业五百强项目企业。"这名工作人员指的就是广东霸王花食品有限公司，农科院加工所与该企业合作进行了米粉丝产业升级的关键技术研发及应用，建立了米粉丝大米原料标准，研发了两段糊化、变温干燥技术，研发了天然植物淀粉增韧剂，解决了米粉丝断条糊汤等技术难题。在强大的技术支持下，目前该公司已发展成为华南地区乃至全国历史最悠久、规模最大、技术力量最雄厚、品牌价值最高的专业米排粉生产企业之一，已被认定为广东省农业龙头企业。

河源市绿纯酿酒厂成立于1998年，建厂之初就与广东省农科院多个下属研究所建立了长期稳定的技术合作关系，引领企业不断提升研发创新能力，省农科院水稻所、加工所、植保所、监测中心等单位全方位支撑绿纯酿酒厂发展。酒厂负责人李总告诉记者："十多年来，绿纯酿酒厂在省农科院支持带动下稳步发展，产值从 2005 年的 210 多万元提高到 2016 年 1 600 多万元。"李总介绍，省农科院水稻所与企业共同研发了优质的仙糯 1 号等品种，该厂采用"企业＋基地＋农户"的模式发展糯米原料基地，从原先的 300 多亩扩大到 2016 年晚造 1 200 多亩，带动 570 多农户种植绿色糯稻，增加农业收入 420 多万元。"我们与农科院共建的广东客家糯米酒工程技术研发中心取得一系列科研成果，客家糯米酒标准化生产工艺已经获得了 4 项国家发明专利。"李总这样说。

绿纯酒厂李总向院领导介绍与水稻所联合培育的"仙糯一号"优良品种

东瑞集团是集养猪生产、饲料、加工、出口、销售为一体的农业产业化国家重点龙头企业，省农科院资环所针对东瑞集团养殖排泄物处理过程中遇到的减量慢、臭气重、产品植物营养学特征不明确等问题，量身定做全套解决方案，帮助该企业把养殖废物快速转化为特色强、效果好的有机肥料，为企业解决环保问题的同时，为周边土壤改良和优质农产品种植提供了优质肥料，实现了生态养殖与有机肥综合利用一体化的循环农业发展新模式。目前该企业已取得肥料登记证。

继往开来，合作迈上新台阶

为了解省农科院与东源县合作成果，系统总结省农科院与东源合作的经验成效，继续深化双方合作，为东源县农业产业发展提供更强有力的技术支持，6月1日，陆华忠院长一行在东源县政府工作人员陪同下，先后到绿纯酿酒厂等企业和生产基地进行实地考察，调研了东源特色果树种植、农产品加工、观光旅游农业、健康养殖业、循环农业、茶叶生产加工等优势农业产业发展状况，详细了解企业与省农科院合作的成效及发展过程中遇到的技术问题，并及时给予技术指导。

在考察后，省农科院副院长何秀古肯定了省农科院与东源农业企业合作取得的丰硕成果，并表示，接下来省农科院将会以东源农业发展的技术瓶颈问题为导向，加强与重点农业企业合作，在农业全产业链各环节中提供技术支撑，挂牌建立一批规范的合作基地，为推动东源传统产业转型升级、帮助提升企业自主创新能力提供全方位支撑服务。

6月2日，省农科院与东源县政府在已有合作基础上正式签订《战略合作框架协议》，院县合作、政科携手实施创新驱动发展战略，推动东源县域经济更好更快发展，同时共建广东省农业科学院东源农业发展促进中心，全方位支撑东源农业发展，标志着双方合作迈上深层次发展新台阶。河源市委常委、秘书长、东源县委书记何广延表示，省农科院是广东省农业科技创新的主力军，科技综合实力位列省级农科院前列，拥有丰富的科研资源、雄厚的科研实力、庞大的科研队伍。多年来，东源与省农科院在科技、人才和服务等方面建立了良好的合作关系，此次更紧密合作是院县双方顺应农业科技创新大潮、抢抓合作发展机遇的重要举措，也是东源县委县政府贯彻落实省第十二次党代会关于"推进农业供给侧结构性改革"部署的具体行动，将有力促进东源农业科技创新驱动，有效破解东源农业科技人才紧缺短板，对东源农业发展产生积极而深远的影响。

据了解，此次省农科院与东源县政府签订的《战略合作框架协议》，内容包括三方面内容：一是共建农业科技成果转化新平台，结合东源发展需求和双方优势，共建广东省农业科学院东源农业发展促进中心；二是共建产学研合作平台，充分发挥好农业科技专家作用，强化产业关键共性技术研究与技术攻关；三是打造农业科技人才交流新通道，共建农业科技人才交流平台，打造东源县农业专家库，提升东源县人才和技术水平。

院领导在仙湖山茶园中实地调研

发挥技术优势，推动地方更好更快发展

"东源是省农科院在全省第一个建立县级农业发展促进中心的县。"陆华忠认为，位居广东省北部的东源县是河源市域中心和国家现代农业示范区建设核心区，自然条件优越，发展农业有得天独厚的区位优势。记者了解到，近年来，东源县已形成了十大特色效益农业基地，建设了15个特色农业生态园区，发展了一批新型农业经营主体，各方面工作取得了很大的成效。

作为全省第一个县级农业发展促进中心，陆华忠对中心接下来的工作提出了要求，"首先是积极与东源农业龙头企业合作，对有实力的企业，争取通过共建研发机构，提升企业技术水平，推动企业持续发展，我们将派出专家帮助绿纯酿酒厂争取省级高新技术企业资质和共建省级工程中心。"陆华忠介绍，其次，中心要系统总结院与东源政府和企业20多年来取得合作成效的机制和模式，为院地企合作提供可复制可借鉴的经验。

陆华忠强调，要充分发挥分院、中心二传手作用，通过系统调研掌握当地技术需求情况，把握产业发展结合点，建立若干企业专家工作站，使省农科院成果技术落地，促进优势产业发展，为东源县创建国家农业可持续发展试验示范区和打造成省级农业供给侧结构性改革示范县做出新的贡献。

在骆世文看来，与省农科院合作共建广东省农业科学院东源农业发展促进中心后，农科院将源源不断地为东源投入技术与人才，为东源农业发展提供全方位科技支撑，有利于促进农业增效，农民增收，推动东源农业更好更快发展。

（2017 年 6 月 8 日《南方农村报》）

编织南粤大地农业科技服务网

"河源分院扮'红娘',院果树所嫁'姑娘';'怀枝'喜娶'仙进奉',老树新花共芬芳"。广东省农业科学院(下称"省农科院")河源分院科研人员在为自主培育的"仙进奉"优质品种接穗后感慨万分,写下这样的诗句。

在地市建立"分院"是省农科院两年来探索院地共建及科技服务"三农"新模式,以科技支撑农业供给侧结构性改革的战略性举措。目前,省农科院已经与地方政府合作共建6个地方分院:佛山、河源、梅州、韶关、湛江、茂名分院;4个中心:惠州、江门、东源现代农业促进中心与广州市现代农业科技创新中心;2个工作站:恩平、郁南专家工作站;2个特色产业研究所:韶关乐昌岭南落叶果树研究所、德庆柑橘研究所。

通过地方分院建设,省农科院积极探索以项目合作、成果展示、服务产业、培养人才为主要任务的院地合作模式,每年选派3名以上的专业科技专家,带科研项目、资金到每个分院驻点1～3年,开展科研、示范、科技服务以及基层农业科技工作者和新型农业经营主体培训,逐步在全省搭建起立体的、全方位的现代农业科技服务平台,有力推动了全省农业科技的发展。正如诗中所说,地方分院这位"红娘"正积极为省农科院的人才、技术与广东各地"牵线搭桥",省农科院的科研"触角"遍布南粤大地,一批批科研人才在不断成长、一个个科研项目在落地生根,正所谓"老树新花共芬芳"。

"走出去" 为地方解决技术难题

国庆假期刚过,省农科院便接到来自江门现代农业促进中心的电话。原来,鹤山市近年来把发展花卉苗木产业作为优化农业产业结构、培育发展现代农业的重要内容来抓,目前全市花卉种植总面积已达1万多亩。但是,国庆前,有相当一部分种植户反映当地的"龙船花出现大面积毁灭性枯萎凋谢现象",个别种植大户已经销毁了几万盆带"病"龙船花,造成很大损失,同时也大大地影响了花农的种植积极性和地方花卉产业的发展。

得知这一情况后，江门市农业局和省农科院江门现代农业促进中心组织省农科院环境园艺研究所吕复兵研究员、植物保护研究所吕利华研究员等科技专家立即前往鹤山龙口花卉基地开展"田头把脉和会诊"，提出对带"病"植株和感"病"区域的处理办法、预防措施及防控技术。同时，专家们还对带病植株进行采样、化验，寻找"病因"，以切实解决产业发展过程中所遇到的实际问题。

事实上，调研当地特色现代农业发展的技术需求与瓶颈问题，为地方农业发展规划提供咨询和策划，正是省农科院地方分院的主要任务之一。

同时，科研人员在与生产经营主体的交流增多之后，也能够发现当地在生产、加工中遇到的问题，以实际问题为依据进行研究，为生产主体解决技术难题，"以前对各个地方的需求不了解，企业有技术方面的难题也不知道找谁解决，分院的建立就能一定程度上解决这种技术与需求对接的问题。"2017年7月刚派驻到河源分院的陈岩博士说。

河源市绿纯酿酒厂是一家老牌的企业，但近几年遇到了酒曲发酵质量不高的问题，一直没有解决，河源分院的建立让这一问题迎刃而解。

依靠省农科院蚕业与农产品加工研究所强大的科研能力，河源分院与绿纯酿酒厂联合申报了《传统客家酒曲菌种优化及制作工艺的产业化研究》项目，目前已进入研究阶段。"做这个项目其实不难，就是要有专业的人去做这个工作，如果没有专业背景去设计实验，单靠酒厂自己很难解决，因为它的科研很薄弱。"河源分院办公室主任宫晓波说。

带上技术 让基层更有"底气"

省农科院在地市建立分院的另一个任务就是要推进基层试验站（工作站）、龙头企业研发中心等创新平台的共建工作以及建立人才培养与交流制度，培养基层农技人员，"对我们来说可以让科研人员结合生产搞研究，提高研究效率，对地方来说，可以让基层农业科研人员开拓思路，提升他们的科研能力。"省农科院院长陆华忠说。

在河源市农业技术推广中心主任黄远东看来，省农科院分院的建立，不仅加强了省农科院与地方的联系，也为分院当地的农业科技增添助力，"省农科院带人才、资金、项目来到河源后，我们也更有底气了。有了省农科院的科研力量作为技术支撑，以前不敢做或是有想法做不了的事情，我们可以尝试去做了。"黄远东说。

据黄远东介绍，河源柠檬产业的发展一直受制于黄龙病，遭遇发展瓶颈，作为基层农技服务机构，河源市农业技术推广中心也非常希望能破解这一瓶颈，但囿于自身的科研能力，显得"心有余而力不足"。

省农科院的科研专家派驻到河源分院后，依靠其在黄龙病防治方面强大的科研力量，使用脱毒树苗，带来了大棚栽培技术，缩短了柠檬的挂果时间，突破了柠檬产业在黄龙病防治上的技术瓶颈，带动河源柠檬产业发展。

与此同时，分院在农业人才队伍建设方面也卓有成效。省农科院科技专家长期驻点的各个分院，通过项目合作等形式，面对面培训当地农业科技工作者、新型农业经营主体和广大农户，极大提升基层科技工作者的科研水平。同时，通过分院搭台，省农科院2017年已经举办了两期新型农业经营主体创新创业培训班，培训100多名地方农业技术人才。

助力科研　打通科技服务"路网"

陆华忠介绍，2016年初，省农科院制定并实施《广东省农业科学院分院建设试行方案》，决定在省内东西两翼、粤北山区和珠江三角洲等农业生态区，联合当地政府共建广东省农业科学院分院。

谈及建立分院的背景，在广东省多年从事农业工作的省农科院副院长何秀古说，20世纪80年代以后，全省乃至全国原有的农业科技推广网作用减弱，而多元化的生产经营主体对于农业科技服务的需求愈发旺盛。

在这样的背景下，省农科院试图通过院地共建分院把现有技术"集成组装"送到地方经营主体手中；也让社会知道省农科院有哪些"宝贝"，吸引大家都来"淘宝"；同时进一步促进科技转化为生产力；省农科院的专业科研人才到基层既可以了解生产的实际需要，明确今后的科研方向，同时还能带动地方科研人员进行技术创新……"目的就是重新'编织'一张覆盖全省的农业科技服务网络。"何秀古说。

经过近两年的实施，目前已经取得了显著的成效，"跟地方合作建立分院后，省农科院跟地方政府的交流更多了，省农科院的技术成果也应用到实践中，让社会分享省农科院的科技成果，成果转化更活跃了。"何秀古说。

院地共建分院的合作模式也得到了基层的认可，"省农科院就像高速公路，分院就像省道、县道，两者结合就能让农业科技服务从高速公路到县乡道的最后一公里的'路网'打通，就能顺利抵达目的地。"黄远东比喻。

根据省农科院统计的数据，截至 2017 年 8 月，省农科院投入院地共建资金近 2 800 万元，派驻三批科技人员 88 人，各分院、促进中心、工作站与地方依托单位联合开展科技合作项目已经达到 65 项，落实的项目资金近 1 000 万元，试验示范新品种 700 个，新技术 665 项，培训农技、农户人员近 10 000 人。

未来这种模式会如何？"省农科院目前正在商讨改革方案，希望能更好地适应和服务科技创新。"何秀古说。省农科院计划构建省市县联动的机制，向各地市派出首席专家，依托分院、促进中心的平台激活市县科技队伍，形成省市县三级科研与服务的队伍，使省农科院形成科研核心区（院本部）＋区域示范区（地级农科所）＋县（企业）推广点＋农户（新型经营主体）的科技架构和服务模式，打造省农科院农业科研与科技服务的"朋友圈"和网络。

（《南方日报》2017 年 10 月 31 日）

多轮驱动广东特色农业现代化

走进位于广州市天河区金颖路 29 号的省农科院创新大楼，1 到 3 楼共计 1 万多平方米全是广东省知名的农业龙头企业办事处和企业研发中心，加上 4 到 13 楼的各类国家、省部级重点实验室，已然成为省内农业龙头企业和农业新技术的集聚区。

省农科院、中国科学院南京土壤研究所、海纳农业共建广东海纳
农业研究院签约现场（省农科院供图）

这里是广东省农业科技成果线下转化平台，是省农科院围绕农业科技创新和服务"三农"的职能，助力全省农业产业发展，为广东省农业现代化建设提供科技支撑的重要平台。

科技成果转化为现实生产力，服务农业产业发展，是农业科技创新的最终目的。近年来，省农科院采取搭建平台、成果转让、技术服务等多种方式，加强与农业龙头企业的深度合作，强化科技成果转化，致力于解决广东农业的科技难题，占领广东农业科技高地，为加快建设广东特色农业现代化和农民增收贡献力量。

贡献科技力量 搭建平台占领农业科技创新"高地"

广东省农业科技成果转化平台成立于 2016 年 12 月，以构建完整孵化体系，为创业者提供成长服务和集聚农业产业资源，推动农业产业转型升级为目标，集科技人才创业、科技企业孵化、技术创新服务、成果转移转化等多种功能于一体。

入驻平台的涉农企业能够获得成果推介、合作研究、技术服务等多方面的"优待"，"入驻平台的这些企业本来就已经做得很好了，现在他们可以通过平台更好地跟省农科院进行对接，依托省农科院的技术支持，从而使企业做得更好。"平台负责人周星星说。

科技成果转化平台在企业和省农科院之间发挥了桥梁和纽带作用，大大缩短了企业和省农科院的距离，方便了企业和省农科院的合作、沟通和交流，"加入了平台，我们跟省农科院在项目合作等方面的沟通和协调更加畅通、快速、便捷。"刚刚上市的和利农种业有限公司是最早加入平台的公司之一，公司业务经理谢少猛对此深有感触。

"省农科院是农业科研人员的大本营。"周星星进一步解释，企业入驻省农科院后，与科研人员的距离也更近了。当需要技术指导时，科研人员可以直接到企业进行指导，同时入驻平台的企业之间也可以实现互相交流，资源共享。

广东橘香斋大健康产业股份有限公司在 2017 年 9 月签约正式加入了科技成果转化平台，入驻平台后该公司便直接与省农科院的监测中心签订了长期合作协议，将大量的产品检测任务委托给该中心来完成。

对于入驻平台的企业来说，省农科院的实验室也是所有入驻企业的"公共实验室"和"研发实验室"，"企业可以利用省农科院的实验室和设备来进行科研，能为他们省下不少钱。"周星星说。

正是具备这些优势，平台成立至今还不到一年，就有 25 家涉农企业签约入驻，他们的总营业额达 20 多亿元。近两年来，与省农科院合作的企业已有 5 家挂牌上市。

据省农科院院长陆华忠介绍，该院正以此平台为基础，筹建农业科技企业孵化器，目的是把农业科技创新与创业者结合在一起，引导科研院所和大学的科技人员参与到"大众创业、万众创新"行列中，吸引社会上有志于农业科技产业的人士依托科技力量来创业。

支撑产业发展　与企业"联姻"为"培优工程"献力量

科技成果转化平台成功吸引了大批企业走进省农科院，主动和省农科院建立合作。省农科院还积极举办科技创新成果与龙头企业对接系列活动，近两年参加对接的企业超过 700 家，签订合作协议 400 份。同时，省农科院主动走出去和企业联手，做好农业科技的合作研究和服务工作。

据平台的负责人介绍，目前入驻平台的企业中，与省农科院合作最深入、有直接"血缘关系"的企业是位于惠州的广东海纳农业有限公司（以下简称"海纳农业"）。该公司于 2016 年 5 月与省农科院签订全面战略合作协议。"我们的合作不单只是技术上的合作，还有人才、资金上的合作，双方优势互补，实现互利共赢。"海纳农业董事长钟振芳说。

海纳农业是一家集水稻、有机肥料生产、加工、销售于一体、产学研相结合的农业产业化国家重点龙头企业。在与省农科院建立合作后，海纳农业联合省农科院、中国科学院南京土壤研究所共同成立了广东海纳农业研究院。

研究院成立后，省农科院派出水稻研究所从事水稻耕作栽培技术研究的研究员黄庆长期驻点在研究院，同时每年还派出 5 名博士到研究院，共同为海纳农业的产学研提供技术支撑。"过去我们和高校合作都只是解决某一个问题，跟省农科院合作后可以解决从品种、栽培技术到植保、加工等全链条的技术问题。"海纳农业研发中心主任蒋耀智说。比如，海纳农业种植的优质米品种主要为象牙占，该品种在种植过程中易出现倒伏，影响水稻的产量和质量。省农科院科技团队驻点到海纳农业研究院后，便一直在努力解决水稻种植中的抗倒伏问题。

省农科院这种将专业科技人才输出到一线的做法，不仅为企业节约了大量的人才成本，还提升了企业研发团队的水平，增强了企业的科研生命力。与此同时，省农科院在人才培养、成果转化应用等方面也获益良多，社会影响力扩大，许多企业慕名而来。

笔者获悉，为了推动农业龙头企业再上台阶，根据省政府的工作部署，"十三五"期间，广东省将实施新一轮农业龙头企业培优工程。

陆华忠则表示，"十三五"期间，省农科院计划科技帮扶农业龙头企业，合作建设新型研发机构 10 个、规模以上企业合作研发机构 20 个、龙头企业公开挂牌技术依托 200 家以上，科技对接农业龙头企业 1 000 家以上，扶持农业企业成为高新、龙头、上市企业 50 家以上。以实际行动来为广东省新一轮农业龙头企业培优工程作出贡献。

提振特色产业　做企业的科研"后盾"助其迈上新台阶

除了建立平台、与企业深入合作，省农科院还通过加强成果在企业中的转化应用来推动农业产业发展。许多合作企业有了省农科院的技术和人才作后盾，公司的科技攻关和研发水平上了一个新台阶，公司在提升产品科技含量、保证品质、创建品牌方面有了"金字招牌"，更有信心做大做强企业。

广东永顺生物制药股份有限公司（以下简称"永顺公司"）是国内兽用生物制品行业的大型骨干企业之一。多年来，省农科院动物卫生研究所与永顺公司开展疫苗研制、诊断技术、疫病防控等科技研发，研制新产品，提供科技指导，为其提供了良好的科技支撑。2016 年 12 月，永顺公司顺利挂牌上市。

省农科院蚕业与农产品加工研究所（以下简称"加工所"）作为河源市霸王花食品有限公司的技术依托单位，为创立霸王花米粉品牌提供了技术支持。双方共同合作研发的"南方传统粮油食品品质改良关键技术与新产品研发"项目曾获得中华农业科技奖一等奖。

同是在河源，加工所、省农科院果树研究所还与河源中兴绿丰发展有限公司共建河源市国柠现代农业研究院，联合开展包括柠檬无毒大苗的培育、标准化栽培种植、黄龙病等病虫害防治、采后商品化处理、保鲜贮藏以及柠檬精深加工及副产物综合利用关键技术研究，推动柠檬产业发展。

　　而省农科院茶叶研究所（以下简称"茶叶所"）经过系列研究取得的科技成果——英红九号红茶生产技术体系，在广东鸿雁茶业有限公司应用后，极大提高了以英红九号为代表的英德红茶的品牌美誉。2014年，"鸿雁"牌英红九号荣获广东首届十大名牌农产品评比茶叶类第一名，摘取"广东名茶"桂冠，成为实至名归的广东茶叶第一品牌。随后，在茶叶所和广东鸿雁茶业有限公司的引领和示范带动下，2015年，英红九号的省内种植面积已超8万亩，同时辐射至云南、贵州等近10个省区及斯里兰卡，累计创造社会经济效益30多亿元。

（《南方日报》2017年11月1日）

新时代　农业科技转型要踏出新"节拍"

党的十九大报告中提出的乡村振兴战略，让乡亲们振奋，也引发各界特别是农业部门高度关注。广东省农科院作为广东省农业科技创新的领头羊，对此战略有着怎样的思考？在科技创新、成果转化、服务"三农"等方面又有着怎样的担当？广东省农科院院长陆华忠接受了《南方农村报》的专访。

"农业现代化，科技本是重要支撑。适逢新时代，作为科技创新主力军的省农科院，既遇到了前所未有的发展机遇，可以大施拳脚，也意味着肩上的担子更加沉甸甸，需要更有勇气和智慧的担当。"陆华忠说。

广东省农业科学院院长陆华忠表示新时代要更有担当。

广东省农业科学院院长陆华忠在接受记者采访

自身定位　用科技引领农业供给侧改革

记者：在新时代下，您认为广东现代农业体系需要哪些支撑？省农科院在服务"三农"中的角色和定位是怎样的？

陆华忠：农业是一艘大轮船，想起步、加速很难，加速之后调头、停下来也难。要实现农业现代化，就要"构建现代农业产业体系、生产体系、经营体系"。同时还要有"3个一"，一是要有一支队伍，即党的十九大报告中提出的"要培养造就一批懂农业、爱农村、爱农民的'三农'工作队伍"。二是要有一方良田。三是要有一对翅膀，就像习近平总书记所说，"要给农业插上科技的翅膀"。

全省的农业科研机构很多，但在科技成果、科研项目、科技产出等方面，广东省农科院挑大梁。比如每年发布的农业主导品种和主推技术，广东省农科院占据半壁江山。所以，在全面建设小康社会决胜阶段，广东省农科院要充分发挥全省科技创新的主力军、技术支撑的核心作用，坚持科技创新、服务"三农"，以科技支撑和引领农业供给侧结构性改革，不断满足人民日益增长的美好生活需要。面对新形势、新需求，我们的农业科技也要调整方向，用好科技这对翅膀，奏出新乐章，实现农业增效、农民增收、农村增绿。

农业如何用好科技翅膀？举个例子。大家都清楚，"黄龙病"是柑橘中的癌症，这成为广东柑橘产业的技术瓶颈。栽种后5～7年，柑橘树患病且易传染，这片林子都要砍掉。"黄龙病"目前没办法彻底解决，但好在栽培技术有了大突破。我们研发了柑橘无病容器大苗繁育与种植技术，使用脱毒树苗，采取大棚栽培技术，新种柑橘，仅需2年就可以丰收，等到树种患病，农户已赚了3～4年的钱。所以从某种程度上说，农业科技就是农民的命脉。

服务地方　让创新科技在全省覆盖

记者：基层农业对技术有大量需求。农科院如何利用自身优势和条件满足这种需求？有没有碰到什么瓶颈？怎么解决？

陆华忠：基层农业技术、人才、资源比较弱，需求特别多。广东省农科院在农业科技成果、技术、人才方面有优势，近两年，我们陆续在地市设立分院、农业促进中心、专家工作站，与地方政府开展院地合作，完善全省科技服务体系，盘活整合科技资源和力量。随着农业生产水平提高，农业科技需求层次更高，这是考验，也是促进。

从 2015 年开始，我们在佛山、梅州、河源、韶关、湛江、茂名等省内 6 个市成立省农科院分院，惠州、江门、广州等 3 个市成立农业科技促进中心，在多个县成立农业专家工作站，还针对地方优势特色产业成立了特色产业研究机构，如乐昌岭南落叶果树研究所、德庆柑橘研究所。接下来，我们计划向全省各地市派出首席专家，与各地进行专门对接，让创新科技覆盖全省。基层一旦有需求，随时派得出，用得上，能够及时解决问题。虽然我们每个常驻地市的专家只有 2~3 个，但可以汇聚省农科院所有专家的智慧进行会诊，以更好地服务地方，提升基层农业科技水平。

服务企业 上门服务 精准对接

记者：围绕广东农业及相关产业，我们在提升创新能力、服务企业等方面是怎么做的？效果如何？今后怎么样进一步加强？

陆华忠：广东省农科院的宗旨是科技创新，服务"三农"。目前，广东省农业产业化程度相对较低。除了明星企业，大部分龙头企业规模和产值，与全省的产业化程度不成比例。因此，服务农业产业发展，主要是提高企业创新能力。服务对象也主要是新型农业经营主体，包括农业龙头企业、种植大户、专业合作社等。

如何使科企对接更顺畅，我们一直在探索。近年来，农业龙头企业在科技需求上越来越强烈，所以科研院所和企业合作也越来越多。企业没有能力研发，我们就帮助研发。企业需要长期技术指导，我们就派科研人员入驻企业。借力科企合作，广东永顺生物制药股份有限公司于 2016 年在新三板上市。广东海纳农业有限公司与我们签署全面合作协议，成立广东农科海纳农业研究院。河源中兴绿丰发展有限公司、广东华农互联农业科技有限公司也与我们有技术合作。

科企对接会也是我们和企业沟通的形式之一。两年来，全省参加对接的企业超过 700 家，与广东省农科院签订合作协议 400 多份。我们的目标，是在"十三五"末，广东省农科院要对接一半以上的全省农业龙头企业，到时会有 2 000 多家。我们还开展新型农业经营主体创新创业培训班，并建立了成果转化服务平台。

搭建孵化器　让科技成果活起来

记者：在让科技成果走出"深闺"方面有哪些进展？在提高科研人员的积极性上又做了哪些努力？

陆华忠：我们创新机制体制，想方设法调动科技人员的积极性，让科技成果"活"起来。科研奖励上，我们有"两个不封顶"，包括成果转化和科研项目的绩效支出。科技人员科研产出高，收入也高。在人才培养方面，通过设立"金颖之光"、"金颖之星"、青年（副）研究员、优秀博士等多层次的人才培养项目，完善职称考核、评价及激励机制，促进科技人员尽快成长。

成果转让上，2016年，全院科技成果转化约有170项，2017年上半年60余项已成功转化。成果转化收益的60%～70%归科技人员。

我们正在筹建农业科技企业孵化器。科研成果锁在抽屉就是浪费国家的资源与财产。而建孵化器，既解决了农业项目初期最需要投入的问题，还引导科技人员参与到"大众创业、万众创新"行列中，吸引相关人士依托科技力量来创业。

虽然我们的研究成果多，转化成果也较多，和企业合作也多，但有一点我们很在意，那就是我们会像爱惜眼睛一样保护我们的声誉。

下一步　为乡村振兴发挥主力军作用

记者：下一步的重点工作是什么？

陆华忠：广东农业要强，关键是要以科技创新为引领，驱动农业做出特色和品牌。广东省农科院积极发挥全省科技创新主力军的作用，深入实施创新驱动发展战略，为乡村振兴提供科技支撑。我们将重点在以下方面加大科研力度，一是保障农产品有效供给方面，在广东省农科院多年来开展产业技术发展规划和产业经济政策研究成果的基础上，就如何掌握农产品供需情况、瞄准市场需求、加强种业创新、调整产业结构等方面开展科学研究，为产业发展决策提供参考。二是开展绿色农业发展研究，重点在农业生产方式变革、农村污染物防治利用、农村环境改善等方面加大科研力度，提高农业生产水平。三是开展新型经营主体创新创业培训，转变科技服务方式，扩大科技成果引领、示范作用。四是开展农产品精深加工研究，延长产业链，发挥科技支撑作用，提高农民收入。

（《南方农村报》，2017 年 11 月 2 日，原题目：《广东省农科院院长陆华忠：新时代农业科技转型要踏出新"节拍"》）

高科技农业发力乡村振兴
佛山千余传统"桑基鱼塘"焕发新生机

"蔬菜工厂化""鱼类净化车间""无土栽培"……这些农业科技创新项目逐渐从概念走向现实。"只有靠科技创新才能助推佛山农业转型升级再上新台阶。"佛山市农业局局长唐棣邦谈到。在"寸金寸土"的佛山,农业发展须着力强化科技创新引领,加快农业供给侧结构性改革,推动农业科技竞争力不断提升,加快现代化农业发展进程——这是佛山农业人的共识。据此,佛山市深度整合农业科研单位、涉农高等院校、农技推广机构和农业科技创新企业等科技资源,为佛山现代农业发展提供科技服务。

推动实施乡村振兴战略,产业振兴是关键,而科技创新则是产业振兴的核心驱动力。近些年,广东省各地积极完善农业科技创新体系,促进科技成果转化。不少农业企业组建了自己的"科研中心",依托校企合作、科技特派员等项目,让科研课题顺利落地基层;各地市争创农业科技园区,纷纷提供政策保障,真正让科技创新支撑产业发展。

科技支撑高端农业发展

在佛山市西樵山下,保存着一片被联合国教科文组织称为"世间少有美景、良性循环典范"的桑基鱼塘,这是目前珠三角地区保护最好、面积最大、保存最完整的桑基鱼塘。

桑基鱼塘是佛山一张独特的农业名片,"基上种桑、桑叶喂蚕、蚕沙养鱼、鱼粪肥塘、塘泥壅桑",承载了珠三角最早的生态循环农业模式,孕育出特色的珠三角农耕纺织文化。现如今这颗"沧海遗珠"将以新的姿态重现。

"现在的桑基鱼塘,在科技力量的支撑下再度'发光发亮'。"西樵镇渔耕粤韵文化旅游发展有限公司总经理余乔金表示,与传统桑基鱼塘不同,这些蚕桑基地以新科技、新理念重塑了桑基鱼塘的新模式。"桑基鱼塘的发展

佛山南海近千个阡陌纵横的鱼塘，是珠三角面积最大、最完整的桑基鱼塘

必须是科技创新与生态发展并进。"广东省农科院党委书记廖森泰总结道。

据了解，按计划，省农科院将对桑基鱼塘进行水产生物种质资源发掘利用与良种培育、生态高效养殖技术与模式构建等研究，以边科研、边生产、边示范的方式，将桑基鱼塘现代化生态可持续发展做专、做精。佛山不仅依托省农科院的技术力量，还整合佛山农业科学研究所等当地技术资源，共建桑蚕科研基地。

2017年12月，佛山市政府与省农科院签约合作创建"广东农业科技示范市"。"每年投入1 000万元专项资金支持农业科技示范市建设，由省农科院佛山分院确定研发项目和推广项目。"唐棣邦表示，佛山发展高端农业需要农业科技孵化平台这个高端科技"核反应堆"，作为佛山农业转型升级的重要推手。

如今，佛山创建农业科技示范市的核心项目"一十百千万"工程，进一步整合了科研力量。其中"一"为建设一个农业高新技术产业示范区，按照计划，该示范区以三水区大塘镇农业产业为基础，联合南山镇打造一个具有佛山特色的现代农业产业园。而"十百千万"分别是指产研十个合作核心项目、建立百位专家服务团队、服务千家产业化组织、培训指导万名农业骨干。

（《南方农村报》2018年9月4日）

广东省农业科学院为广东乡村振兴献智献力

广东省现代农业发展规划

广东省现代农业产业发展规划	选择研究水稻等22个农业产业		分析现状和历史变化趋势，研究未来发展的规划与布局		

	为谁种	种什么	谁来种	种多少	怎么种
广东省现代农业发展专题研究报告	农产品消费要求	适宜产业选择	经营主体发展	农业资源生产潜力与承载力	现代农业发展道路

广东省现代农业发展"十三五"规划　现状　问题　机遇　挑战　制定　"十三五"时期广东率先实现现代农业的目标　制定　"四大定位"广东特色现代农业发展道路

广东省现代农业发展区划（2016—2025年）　"四大定位"广东特色现代农业道路　＋　结合　产业规划专题研究成果　→　明确全省农业功能，区划和产业布局，为广东现代农业发展谋划蓝图

广东省现代农业发展信息系统　收集整理广东县域基本资料、土地利用规划、专题、产业规划等数据　→　构建空间数据库，展示各个县域农业情况、农业产业历史发展及规划成果等　→　为广东现代农业发展的"一张图"管理提供支撑

当下，各地省级现代农业产业园建设如火如荼，园区所在地的政府部门、涉农企业、农民都在为之忙碌，这其中，还有一群人在为省级现代农业产业园建设忙前忙后，他们就是广东省农业科学院农业经济与农村发展研究所（以下简称"农经所"）科技工作人员。

2018年，农经所以产业园规划为抓手，深度参与县区农业产业调研，指导各地的产业园选择主导产业、功能布局、产业链完善、品牌培育等工作。

"做规划"是农经所的"拿手本领"，但绝非唯一"路数"，农经所以"建设高水平研究所和新型高端智库"为目标，秉承"智育农经、慧泽三农"的宗旨，牢牢抓住实施乡村振兴战略的重大机遇，以农业农村部华南都市农业重点实验室、广东农村研究院、广东省决策咨询基地三大平台建设为依托，整合学科和人才力量，深入挖潜，增强为全产业链服务的能力，坚持和完善全员科技成果转化推广服务机制，夯实事业发展基础，加强党建工作，打造坚强的战斗堡垒，为服务乡村振兴战略保驾护航。

"规划达人""智力支撑"广东农业现代化

虽然多个县（区）现代农业产业园规划的编制让农经所科技工作人员变得更加忙碌起来，但这项工作对他们来说并不困难，因为多年的经验积累让他们驾轻就熟。

广东农业经济的发展中，从1998年珠三角十大现代农业示范区概念提出和参与规划工作，2003年东西两翼和粤北山区十二大现代农业示范区规划建设，再到2013年省级现代农业示范区的规划编制、评价指标体系的设计、专家组指导；从"广东省农业现代化'十三五'规划""广东省现代农业发展规划与功能区划（2016—2025年）"，到"广东省乡村振兴战略规划（2018—2022年）"……这些都有农经所的身影。

这其中，不得不提《广东省农业现代化总体规划》，按照省政府要求，在当时的省农业厅组织协调下，农经所承担编制《广东省农业现代化总体规划》，主要包括五个研究成果：《广东省农业现代化"十三五"规划》、《广东省农业现代化功能区划（2016—2025年）》、《广东省现代农业产业发展规划》、《广东省现代农业发展专题研究报告》和广东省农业现代化规划信息系统。

《广东省现代农业产业发展规划》针对广东省水稻、蔬菜、荔枝等22个主要农业产业进行了规划研究，分析产业现状与历史变化趋势，研究产业未来发展的规划与布局，并将产业发展落实在县域上，提出了有针对性的产业发展建议和对策，为现代农业发展规划奠定了基础。

《广东省现代农业发展专题研究报告》从"为谁种""种什么""谁来种""种多少""怎么种"五个方面着手，详细分析了广东省农产品消费需求、适宜产业选择、经营主体发展、农业资源生产潜力与承载力和现代农业发展路径，为现代农业发展规划提供了理论支持。

《广东省农业现代化"十三五"规划》在准确分析现状、问题、机遇和挑战基础上，制定了"十三五"时期广东率先实现农业现代化的目标，提出了四大定位和广东特色农业现代化道路，明确了广东现代农业发展的方向。

《广东省农业现代化功能区划（2016—2025年）》，被称为"省规"，是按照"四大定位"和广东特色农业现代化道路，结合产业规划和专题研究成果，明确全省农业功能区划和产业布局，为广东现代农业发展谋划蓝图，是全省"具有战略性、引领性、精准性和广东特色的现代农业发展规划"。

广东省农业现代化规划信息系统通过收集整理广东县域基本资料、广东土地利用规划（2010—2020年）、五大专题、22个产业规划等数据，构建统一投影坐标的农业资源与规划成果的空间数据库，以 B/S 和电子地图方式展示广东各个县域农业现状情况、农业产业发展历史及规划成果等，为广东省农业现代化的"一张图"管理提供支撑。

拓宽视野着力打造新型高端智库

智者谋远。近年来，农经所在聚焦省内"三农"的同时，也把目光投向了全国乃至全球，加强重大决策咨询研究，着力打造新型高端智库。

目前，农经所承担了国家级"中国工程院高端智库重点项目——乡村振兴战略下科技创新支撑农业绿色发展和产业融合战略研究"。以及省农业厅（现省农业农村厅）、省委政研室、省社科联等单位委托的决策咨询研究课题 10 余项。

此外，以农经所为班底成立的广东农村研究院 2018 年牵头承担了包括省政府发展研究中心委托的《粤韩农业农村经济发展比较研究》、省委农办《广东省三农研究报告（2017）》、省农业厅（现省农业农村厅）《广东农业产业扶贫现状与建设研究》和《广东荔枝产业发展研究》、《东莞石排镇农村经济发展战略研究报告》等 10 余项课题研究。

《广东省现代农业强省评价指标体系与建设思路研究（2010）》、《南海政经分离调研报告（2012）》、《关于清远英德市和韶关曲江区新村农房建设质量安全监管情况的报告（2016）》、《发展农产品加工业和培育上市农业龙头企业研究报告（2017）》、《深刻理解乡村振兴战略总要求加快实现农业农村现代化（2017）》……等一大批研究成果得到省委、省政府领导的肯定和批示。

目前，所内建有农业农村部华南都市农业重点实验室、全国农业农村信息化示范基地、广东省决策咨询研究基地、广州市农业产业经济与流通重点实验室，具有国家工程咨询甲级资质和农业科技查新资质，编辑出版《广东农业科学》，承办省委组织部农村党员干部现代远程教育科技富农栏目。

近 5 年来，农经所主持完成国家科技支撑计划、国家青年社科基金、国家星火计划等国家、省部级科研项目 180 多项，获得省级科技成果 20 多项。

（《南方日报》2018 年 11 月 2 日）

"20年磨一剑"造就"优质稻第一品种"

2018年5月，国家优质稻品种攻关推进暨鉴评推介会首次来到广州，会上公布了20个首届全国优质稻品种食味品质鉴评金奖名单。在十大优质籼稻金奖品种中，广东省有3个半位列其中，分别为"美香占2号""象牙香占""增科新选丝苗1号""桃优香占（桃农A/黄华占）"，其中"美香占2号""桃优香占"分别为广东省农业科学院水稻研究所周少川研究员育种团队（简称"水稻所"）独立选育和以第二完成单位合作育成。

"美香占2号""桃优香占"等优质稻的选育正是省农科院通过科技创新实现广东省乡村振兴的具体实践，以"科技创新，服务'三农'"为宗旨的省农科院围绕科技创新中心使命，积极投身乡村振兴战略奋斗热潮，取得了较好的工作成效，也受到社会各界好评。

至2017年，南方稻区推广面积达12 513.74万亩，创造经济效益高达321.94亿元；除了在常规稻领域，以该品种为核心种质的杂交稻组合近年也完成了累计推广面积达1 342.89万亩，创造经济效益24.19亿元……这些成绩就是由全国种植面积最大的优质稻品种——黄华占创造的。

黄华占是由水稻所优质稻育种首席科学家周少川研究员育成的，在矮化育种和超高产育种等水稻高产技术取得重大突破之后，黄华占在保持高产的基础上显著提升了品质和广适性，实现了优质、高产、抗逆与广适性的高度统一，取得了新的突破。

"随着改革开放后人民生活水平的提高，尤其是1985年以后，水稻育种进入另外一个新阶段。"彼时，周少川意识到，在未来水稻生产中，对优质高产、抗倒及轻简化栽培将有越来越高的要求。

"产量保持在超级稻的基础上，如何显著提高稻米的品质成了当时水稻育种的目标。"周少川说，在确定育种目标后，从1994年开始，他着手有关的工作，经过长时间筛选和培育，终于于2000年早造以黄新占为母本，丰华占为父本，配组了黄华占杂交组合。

随后，黄华占在 2005 年通过广东省审定，2007 年通过湖南、湖北审定，2008 年通过广西、海南审定，2010 年通过浙江审定，2011 年通过重庆审定，在江西 2009 年通过引种许可，2013 年通过陕西审定。

在常规稻领域取得领先优势后，周少川团队开拓了水稻全基因组分子育种，高效育成 33 个黄华占衍生品种；继而将黄华占核心种质的最新成果规模化、成体系地应用于杂交稻育种，培育了桃优香占、玖两优黄华占、梦两优黄莉占和隆两优 1 377 等 14 个优质杂交稻组合，33 次通过国家或省级审定。2016—2018 年期间黄华占核心种质优质杂交稻推广面积每年翻番，从 200 万亩上升至 800 万亩水平。黄华占通过恢复系创造了我国常规稻、三系杂交稻和两系杂交稻三足鼎立的局面。

"黄华占开辟了我国水稻育种的一个新局面，在南方稻区家喻户晓，被称为水稻届的'黄旋风'。"周少川说，黄华占不仅适合传统耕作模式，而且在机插秧、直播稻、再生稻、双水稻和华南地区"菜稻菜"等轻简栽培模式中得到了广泛应用，为广东乃至全国粮食安全作出了新贡献，也为当前乡村振兴注入新动能。

（《南方日报》2019 年 1 月 3 日，原标题：《取得较好成效，受到各界好评》）

省农科院科技成果转化量质齐升

2018 年 12 月 7 日，由清远市政府、广东省农业科学院（以下简称"省农科院"）共同主办，清远市农业局、省农科院清远分院承办的以"加快科技成果转化，助推清远乡村振兴"为主题的农业科企技术对接启动会在清远举行，广东英九庄园绿色产业发展有限公司等 12 家清远当地企业与省农科院茶叶研究所等 12 个研究所（中心）签订了合作协议，合作内容涵盖动植物品种、果蔬茶叶栽培、健康养殖、农产品加工等方面。

这是省农科院促进成果转化的其中一个案例。近年来，该院通过创建线上线下平台，促进成果转化，取得了显著的成效。根据科技部联合财政部编制的《研究开发机构和高等院校科技成果转化报告（2017）》，该院科技成果转化呈现"量""质"齐升局面，多项排名居全国农科院所前列。

农科孵化器　助力科技成果转化

直至 2018 年 11 月，广州市唯微网络科技服务有限公司终于不用再为自己的大宗商品交易的支付端口问题犯愁了，因为，在广东金颖农业科技孵化有限公司的帮助下，唯微公司已与一家商业银行达成了协议，"支付端口问题"迎刃而解。

广东金颖农业科技孵化有限公司是由省农科院牵头组建的一家专门从事农业科技孵化的公司。公司的宗旨是实现农业科技资源的战略性集聚；促进农业科技成果转化，加速涉农企业（项目）发展，激发农业科技企业的创新活力；促进农业院校科技人员、毕业生及农村青年人才的创业，扶助初创农业科技企业的成长，培养涉农企业家，为发展都市型现代农业提供科技支撑。

金颖农科孵化公司采用市场化方式运营，依托省农科院的先进技术、专家人才等优势资源，着力对接企业的科技需求，让成果直接与企业需求对接。"企业入驻之后，可直接对接省农科院技术和渠道资源，我们正引进创业导师服务团队，还将提供法律、财务、渠道、销售、管理等全链条服务。"公司总经理周星星说。

据周星星介绍，目前已有国家农业龙头和省农业龙头企业 40 余家入驻、小微企业 30 余家入孵，成果转化受让企业注册地遍布全省 19 个地级以上市，形成服务全省现代农业发展的科技支撑网络，为广东省农业供给侧结构性改革、乡村振兴战略实施提供了强有力的科技支撑，"这是农业科技创新创业的一块'试验田'，目的在于促进科技成果转化，服务农业产业。"周星星说。

多举措破解企业找成果难、找专家难的问题

省农科院高度重视科技成果转化工作，成立广东金颖农业科技孵化有限公司只是措施之一。

省农科院于 2016 年以全院 1 号文的形式出台了《广东省农业科学院进一步促进科技成果技术转让与技术入股管理暂行办法》（粤农科〔2016〕1 号），经过修订后，确定科研人员成果转化收益比例不低于 60%；成立了促进科技成果转化工作小组，并设立了科技成果转化办公室……

值得一提的是，这些举措中，通过院地合作，在全省成立了 8 个地方分院、5 个现代农业促进中心、一批专家工作站及特色研究机构、企业研发机构，举办大型广东省现代农业科技创新成果与龙头企业对接系列活动启动会，与全省各地农业龙头企业进行面对面交流，成果转化成效很显著。据统计，2015—2017 年，科技成果转化项目数分别为 32 项、76 项、130 项，科技成果转让收入稳定增加。

对接交流活动也得到参会企业代表的高度认可，他们纷纷表示，通过分院搭建这样的交流合作平台，省农科院带着最新的科技成果、技术，组织全产业链科技专家到地方，让企业可以近距离地了解省农科院最新成果，与专家开展面对面的交流洽谈，有效地解决了企业找成果难、找专家难的问题。

（《南方日报》2019 年 1 月 4 日）

硬核！省农科院连续占六成以上，2020年广东省农业主导品种和主推技术公布

　　近日，广东省农业农村厅发布《关于发布2020年广东省农业主导品种和主推技术的通知》（粤农农办〔2020〕30号），全省共遴选出2020年农业主导品种49个、主推技术50项。记者获悉，其中，广东省农科院31个品种、38项技术入选，分别占比63.3％和76％。与2019年相比，主导品种占比持平，主推技术占比增加5.2个百分点。自2017年以来，省农科院连续四年在全省农业主导品种和主推技术占比超60％和70％。

　　在此次发布的主导品种方面，蚕桑品种3个，玉米、甘薯、马铃薯、茶叶品种各2个，牧草品种1个，全部为省农科院选育的品种。其中，11个水稻品种省农科院入选9个，3个畜禽品种占2个。在主推技术方面，4项蚕桑技术、4项茶叶技术、2项蔬菜技术、1项食用菌技术全部为省农科院

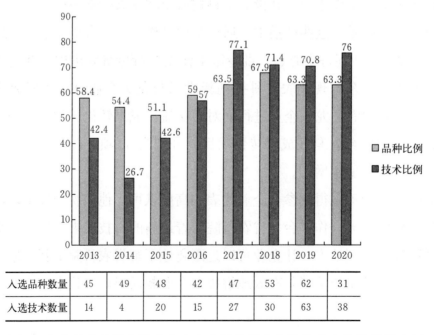

	2013	2014	2015	2016	2017	2018	2019	2020
入选品种数量	45	49	48	42	47	53	62	31
入选技术数量	14	4	20	15	27	30	63	38

近几年省农科院品种和技术在全省主导品种和主推技术中的数量及比例

的成果。省农科院在 4 项综合技术中占 3 项，12 项果树技术占 11 项，8 项畜禽技术占 6 项，3 项水产技术占 1 项。

据了解，近年来，省农科院围绕全省现代农业发展关键核心技术问题开展科研攻关，大力开展基础和应用基础研究，强化传统育种、技术研发的核心竞争力，拓展分子育种、绿色高效栽培等新兴学科，建有国家种质资源圃 6 个，农业部种质资源圃 3 个，收集保存国内外种质资源近 5 万份，构建了面向市场、面向生产、面向产业的全省领先的品种选育和技术研发体系。2016—2019 年通过审定（登记或鉴定）品种分别为 75、115、144、237 个，并每年推出一大批新技术，入选全省主导品种和主推技术，数量和比例连续多年领跑全省，发挥了全省农业科技创新主力军的作用，为广东省实施乡村振兴战略、农业提质增效提供了强有力的科技支撑。

(2019 年 3 月 24 日南方＋)

农村科技特派员制度引发国际关注

9月19日,由广东省科技厅组织的2019年发展中国家技术培训班在广东省农科院举办。来自安哥拉、巴西、智利、博茨瓦纳、泰国等14个国家的学员参加本次培训。

培训班上,围绕"科技特派员在乡村振兴战略中的实践与经验"专题,广东省农科院水稻研究所副研究员潘俊峰、果树研究所副研究员陆育生作为省农村科技特派员代表作经验交流报告。潘俊峰以《成果促生产、产业慧稻农》为主题,介绍了广东农村科技特派员制度和工作流程、省科技厅设立专项支持带动建立政科企农有效连接机制情况及作为一线特派员开展工作经验体会等;陆育生则以《深化院地合作、助力乡村振兴》为题,介绍了以广东省农科院与乐昌市共建的岭南落叶果树研究所为平台,通过省科技厅特派员专项资金支持,以特派员身份长期驻点地方解决产业发展技术难题,提升广

东特色优势果树产业发展水平的做法与经验。

　　参加培训的发展中国家学员对广东省农村科技特派员工作兴趣颇丰，在有效服务机制、成果转化应用、如何具体实施对接以及有关技术问题等方面与特派员代表深入交流讨论。

　　据悉，本次发展中国家技术培训班是落实科技部在联合国科技促进发展委员会（UNCSTD）第20届会议上与UNCSTD的合作承诺的重要任务。2018年9月在广州举办的发展中国家技术培训班获得了UNCSTD成员的赞誉，UNCSTD希望能够继续深化与中国的合作，提高发展中国家的科技创新战略和政策的制定及实施能力，为共同实现可持续发展目标作出贡献。

　　（《南方农村报》2019年9月25日，原标题：《广东农村科技特派员在2019年发展中国家技术培训班作经验交流报告》）

坚守 60 载　做好乡村振兴"助推器"

　　走进广东省农业科学院(以下简称"省农科院")水稻研究所二楼,黄耀祥院士的铜像映入眼帘——这座铜像与黄耀祥纪念馆同时落成于 2019 年 6 月底。

　　正是 70 年前,黄耀祥来到广东省农业试验场——省农科院的前身工作。10 年后,黄耀祥和他的团队培育出了第一个经人工杂交育成的矮秆籼稻品种"广场矮",使水稻单产每亩从 250 千克提高到 400～500 千克,实现了水稻生产第一次质的飞跃。黄耀祥也从此拥有了"半矮秆水稻之父"之美名。

　　这是省农科院熠熠生辉的历史书篇中的一个章节,省农科院自 1960 年成立至今,已发展成为国内前列的省级农科院,为广东的"三农"事业发展做出了突出贡献,并朝着全面建设高水平农科院迈进。

科技为本　遍地开花　创新火炬代代传承

　　1960 年 5 月,省农科院挂牌成立时,全院还只有粮食作物系、经济作物系、植保系等"七系、两组、一室",仅 100 多位工作人员。

　　当时,省农科院仅仅专注于以水稻为主的粮食作物研究,已经挑起了农业科技创新主力军的重任。以黄耀祥为首的广东农科人开创水稻矮化育种,引领了"第一次绿色革命"。

　　在此基础上,省农科院的"水稻人"继承先辈开拓创新的科研精神,又在超级稻育种和水稻栽培生产领域开荒拓土。目前,省农科院水稻所已育成天优 998、五优 308、金农丝苗、合美占、吉丰优 1002 等 20 个超级稻品种,占同期我国超级稻品种总数的 15.27%,优质稻育种、超级稻育种、稻种资源收集保存等,处于国内领先地位,多个品种成果转让超 1 000 万元。

　　而 20 世纪 80 年代省农科院水稻所引进与创新的水稻抛秧技术,则改变了广东农民"面朝黄土背朝天"的种植模式。水稻抛秧技术在生产上大面积推广应用，使水稻栽培简单化、省工增效。迄今，水稻抛秧技术仍是广东等华南稻作区水稻重要的生产方式之一。

服务"三农" 深入基层 科技薪火处处燎原

省农科院的大门前的石碑上，"科技创新，服务三农"八字宗旨格外醒目——多年来，省农科院始终将"科技"与"服务"紧密联系在一起，将科技创新的终点落实到"人"本身。

2016 年，省农科院投资组建广东金颖农业科技孵化有限公司，专门从事农业科技孵化，为全省农业科技人员和企业提供全要素的创新创业服务。目前，共有 100 多家农业企业进驻院创新大楼，2016 年以来，成果转让合同 375 项，合同金额 2.06 亿元。

除了切实推进农业科技成果转化孵化，省农科院还着眼全局，精准对接广东现代农业产业园。为给各地特色产业园提供"保姆式"的科技服务，省农科院组建了全产业链专家服务团队 95 个，为全省现代农业产业园建设提供坚强的科技支撑。截至目前，省农科院服务产业园项目合同经费 7 000 多万元、到账 4 000 多万元。

此外，省农科院致力于打破农技推广"最后一公里"，将科技红利带到每一位农民身边。行走在广东省乡村各地的"农村科技特派员"，就是省农科院散布到基层一线"最后一公里"的接线员。

广东省农村科技特派员、省农科院动物科学研究所助理研究员冯作舒 2017 年来到东源县三洞村，就不走了。

利用专业知识，冯作舒培育出高成活率、高品质的"双高"胡须鸡，并打开了销售市场，助推当地养殖户脱贫致富。三洞村驻村第一书记许志农向记者赞叹冯作舒的敬业：每次购进新鸡苗时，冯作舒就住在村里全程给予养殖技术指导，每年驻村达 4 个月以上，为当地农户提供科技服务。

对此，冯作舒表示："科技特派员就要扮演科技'保姆'角色，做好服务工作。"他还向当地农民承诺："我用 10 年时间，教你们做到人们想要的那个样子。"

这些"接地气"的政策措施，让农业科技在广东大地上焕发出勃勃生机，更直接充实了广东农民的钱袋子——各项科技扶贫行动、人才支持计划、农业培训的广泛开展、新技术和新品种的示范推广，使科技成果转化覆盖全省 90.5% 的行政区域，大幅增加了农民收入。

在广东省农科院对口帮扶的湛江雷州市企水镇洪排村，全村原有 64 户贫困户 228 人，如今已全部实现脱贫。

（《南方日报》2019 年 9 月 27 日，原标题：《省农科院坚守 60 载　做好乡村振兴"助推器"》）

累计选派 1 037 名科技特派员专家
省农科院获科技部通报表扬

近日，在农村科技特派员制度推行 20 周年之际，科技部对 92 名科技特派员和 43 个科技特派员组织实施单位予以通报表扬，省农科院成为广东省唯一受到通报表扬的单位。

作为广东省科技特派员组织实施单位之一，省农科院坚持以农业农村需求为导向，按照省科技厅部署，累计向全省选派 1 037 名科技特派员专家，其中博士学历 480 名、硕士学历 420 名、本科学历 105 名；高级职称 486 名、中级职称 762 名。涵盖水稻、果树、蔬菜、作物、茶叶、畜牧、水产、植保、疫病防控、农产品加工、土肥、质量安全、信息化等各个领域，为科技特派员工作提供了核心的人才支撑保障。

省农科院特派员足迹遍布全省各地，每年派出特派员专家约 3 000 多人次，下乡进村、到场入户，为全省培训技术骨干、农民超 1 万人次。涌现出一大批优秀的特派员专家，通过形式多样的技术服务，充分发挥特派员聪明才智，使科技特派员成为活跃在广东农业大地的科技推广生力军，得到了地方政府、农户和企业的高度好评。

（《南方日报》2019 年 10 月 24 日）

"科技秀才"给田野带来新希望

在日前召开的科技特派员制度推行 20 周年总结会议上，习近平总书记作出重要指示，要坚持把科技特派员制度作为科技创新人才服务乡村振兴的重要工作进一步抓实抓好。

技术人员眼里的小问题，可能却是农民着急上火的"当务之急"。在全国各地，越来越多的科技特派员队伍扎根田间地头，这些"科技秀才"让科技之光照进农家，给田野带来新希望。

让田野充满希望

刚开始创业时，广东花农马三朗发现苗圃里的兰花叶尖部分变得像玻璃一样，以为害病了，这让他忧心忡忡——打工几年，东拼西凑，才种了 3 亩兰花，一旦花死了，脱贫致富的希望就没了。

咨询了科技特派员朱根发才知，这不是病，而是一种名为"水晶"的兰花观赏点，有"水晶"的兰花更值钱。

"那时候刚开始种兰花，很多东西不懂。"马三朗有些赧颜。

广东翁源县松塘村兰花种植园风貌

现任广东省农业科学院环境园艺研究所所长的朱根发是广东省最早的一批农村科技特派员。花农的兰花种植技术极其匮乏，为解决这一问题，朱根发和他的团队就在广东省韶关市翁源县为花农们提供技术支持。

广东首批农村科技特派员、广东省农业科学院环境园艺研究所所长朱根发
在广东翁源县兰花研究院实验室做实验

除了随时为花农解决生产中"当务之急"的技术难题，朱根发还在翁源引进和培育了 30 多个兰花品种。2018 年，翁源兰花面积达 1.6 万亩，已成为中国最大的兰花基地。

村民在广东翁源县松塘村兰花种植园里培育兰花

上千万盆走向全国市场的兰花，正成为当地农民脱贫致富的希望。

曾经培训课每次必到的马三朗，是朱根发带动的第一批致富农民。而这个在朱根发眼中曾是"对兰花一知半解，但脑子活、肯钻研的花农马三朗"，如今种植兰花过百亩，成了当地致富带头人。

2018 年，朱根发带领的一个包括 6 位博士的 20 多人研发团队与翁源当地几家企业合作，建立广东省农业科学院专家翁源工作站暨广东（翁源）兰花研究院，计划将翁源打造成为未来中国的兰花种苗基地。

马三朗投入了 100 万元，成为合作方之一。他说，这将可能对翁源甚至中国兰花产业带来重大变化，有幸参与其中，当然要奋力争先。

"科技特派员只是带了个头，农民有了希望，农业就更有希望。"朱根发说。

（2019 年 10 月 27 日新华社报道）

科技沉下去　产业旺起来

——广东省农科院科技特派员兴农富民记

近日，在农村科技特派员制度推行 20 周年之际，为激励和引导广大科技特派员新时代新担当新作为，科技部对 92 名科技特派员和 43 家组织实施单位予以通报表扬，广东省农科院成为广东唯一受到通报表扬的单位。

作为广东省科技特派员组织实施单位之一，广东省农科院以农业农村需求为导向，累计向全省选派 1 037 名科技特派员，涵盖水稻、果树、蔬菜、作物、茶叶、畜牧、水产、植保、疫病防控、农产品加工、土肥、质量安全、信息化等各个领域。多年来，广东省农科院特派员的足迹踏遍了南粤大地的田间陌野，下乡进村、到场入户，用智慧和汗水浇灌出科技兴农富民之花。

科技支撑驱动产业兴旺

在广东乡村振兴的主战场，科技特派员的身影随处可见。根据不同地方的农业科技需求，广东省农科院有针对性地组织科技特派员以地方共性瓶颈问题为导向，集中力量开展科研攻关、集成技术有效推广应用，以"科技特派团"的形式带技术、带项目帮助解决生产实际难题。

在广东省河源市东源县板栗产业园内，正迎来 2019 年板栗的丰收季节。虽然 2019 年雨水多，对板栗产量有所影响，但是板栗的品质却好了不少，价格也较往年高了许多。究其原因，近年来在广东省农科院的技术帮扶下，当地的多数农民都学会了适时修剪、科学嫁接、绿色防控等栽培管理技术，板栗品质显著提高。

"农科院的专家长期驻点在河源的就有 20 多人，每年下乡的流动人员也有 400 多人次。科技人员不仅把技术带下来，也把资金带下来，这几年平均每年带下来的工作经费都有 300 万元以上。"广东省农科院东源农业发展促进中心办公室主任宫晓波表示。

2018 年以来，广东省财政安排了 50 亿元扶持粤东西北地区建设 100 个省级现代农业产业园。广东省农科院组成的科技特派团，成了这些产业园科技创新背后的智囊团。除了前期为地方编制现代农业产业园规划和制订实施方案时出谋划策以外，科技特派团采用"一园一平台、专家进企业"科技服务模式，与 91 个产业园建立了紧密的科技合作关系，累计开展科研攻关 70 项，集成技术推广 100 项，科技成果转化 57 项，科技支撑产业发展取得明显成效。在产业兴旺的关键节点上，广东省农科院科技特派团用科技增量激活了存量，为广东现代农业发展增添了科技新动能。

智慧下沉带动农户脱贫

"您有段时间没过来了，什么时候过来啊？"每隔一段时日，广东省农科院科技特派员国彬就会接到科技扶贫对接帮扶村的电话。带领专家深入农村，指导农民生产种植，是国彬近年来的日常工作之一。

2018 年，广东省农科院精心遴选出 79 个特派员项目立项，组织 400 多名专家直接对接全省 236 个省定贫困村，为超过 2 500 户以上贫困户提供服务。

梅州市大坪镇兰亭村是国彬的对接帮扶点。自 2018 年对口帮扶以来，国彬多次邀请广东省农科院相关专家团队深入兰亭村，对村子发展食用菌产业进行全面的指导和帮扶。由于兰亭村属于劳动力不足、大量田地被荒废的空心村，国彬建议该村引入专业合作社解决产销问题，带动贫困户脱贫致富。"脱贫方案的实施需要劳动力来完成，因此必须深入了解每个村庄的发展条件，尤其是劳动力现状。"国彬表示。为此，深入基层，找到最接地气、最合适每个村庄的发展方式，成为国彬科技扶贫工作的信条之一。与农民零距离的接触，既让农民了解科技对于农业的重要性，又知道遇到问题后如何联系寻找专家。

2018 年以来，像国彬这样的 400 多名科技特派员走进了广东 200 多个贫困村，他们采取机动灵活的工作方式，团队与个体相结合，深入基层，通过结对帮扶、共同研发、示范指导、集中培训等途径，从生产理念、产业信息、主导品种、关键技术等方面促进科技与产业融合，在促进农民致富、产业发展等方面不断发挥着特派员的智慧和专长。

（2019 年 11 月 5 日《农民日报》）

专注农产品加工提升农业产业附加值

农业产业可持续发展离不开加工环节，农产品加工业是农村产业兴旺的关键组成部分、是农业现代化建设的重要支撑力量。近几年，为加强科技特派员示范带动作用，广东省农科院蚕业与农产品加工研究所在促进广东农村农业加工产业发展，助力全省脱贫攻坚和乡村振兴战略实施上，一直在行动。

省农科院加工所科技特派员在潮州浮山镇调研柿饼加工情况（摄影：余洋洋）

据了解，疫情发生后，对农业生产采收、初加工和以养殖加工为主的农业产业影响较大。在当前复产复工的关键时期，省农科院蚕业与农产品加工所的农村科技特派员们勇担科技先锋，积极响应广东省科技厅"科技助农复产复工"的号召，发挥农村科技特派员科技帮扶作用，组织各板块科技人员进行线上科学指导，线下进村入户，推动农业企业复工复产。

扎根果蔬加工，解决"卡脖子"技术难题

水果和蔬菜是广东农业产业的"巨头"，对广东经济发展起着重要作用。

但果蔬加工比例低，也制约着果蔬产业的发展，一直以来，科技助力果蔬加工就是省农科院蚕业与农产品加工所的重要方向。

加工所果蔬加工团队有农业科技特派员7名。团队科技特派员徐玉娟和傅曼琴分别"深耕"梅州蜜柚和新会陈皮，时常给他们推广应用现代化标准化加工、贮藏技术及其多元化新产品开发等技术。团队科技特派员吴继军和邹波专攻菠萝加工，他们带领团队指导雷州菠萝产业园建设主体开展菠萝精深加工、生产线规划及设备选型，推广超高压果汁和真空冷冻干燥加工技术。信宜的三华李加工方面，团队科技特派员徐玉娟和余元善重点进行了原料处理加工技术、果脯加工技术和果汁加工技术等的推广应用。

2019年，去田间地头开展蔬菜讲课培训是科技特派员张雁的常态，张雁研发甜玉米加工，常为农产品加工基层技术人员及学员开展甜玉米保鲜与加工技术的讲课培训，普及推广甜玉米保鲜加工的基本知识和基础技术。提高了基层技术人员对甜玉米初级保鲜及整粒加工技术的兴趣，农户们纷纷尝试开展甜玉米保鲜与初级加工。

为食品加工企业做技术支撑和后盾是每位科技特派员的使命，加工所功能食品研究室的池建伟研究员助力河源绿纯食品有限公司，主要对该公司嘉宝果保健酒的生产加工进行技术培训和指导，为公司解决原料筛选及前处

省农科院加工所科技特派员在梅州大埔贫困村开展蜜柚优质
生产及加工技术培训（摄影：余洋洋）

理、加工工艺和营养品质评价等多方面的技术问题。

据悉，3月31日，按照广东省科技厅的统一部署，加工所召开了广东省重点领域研发计划"热带亚热带特色水果产地高效加工关键技术研发与产业化"项目启动会。项目专注于解决广东省菠萝、芒果、荔枝等大宗水果和优稀水果产地加工原汁和速冻产品的"卡脖子"技术难题，旨在通过项目研究建一批平台、出一批成果、带一批人才，服务支撑广东省水果产业的现代化发展，助推乡村振兴。

挖掘桑蚕加工潜力，调制出不一样的基料

据了解，4月10日，加工所牵头召开的2020年广东省重点领域研发计划"桑树高值化加工关键技术研发与产业化"项目也已启动，该项目是推进桑树高值化加工关键技术的研发与产业化，为广东省桑树多元化加工利用提供全面技术支撑。

化州是广东省四大蚕桑生产基地之一，蚕桑产业是化州市重要农业支柱产业和特色农业。针对蚕农生产中桑叶严重浪费的问题，加工所农村科技特派员沈维治发挥自身主动性和创造性，使用现代科技加工手段提高桑叶附加值，为企业和蚕农开展桑叶高值化加工利用技术培训，并帮助指导企业建设桑叶茶生产车间及生产线，合作的公司因为采用先进的桑叶茶生产技术，产品在市场上提升了竞争力。

在传统桑蚕产业中，蚕蛹作为副产物并不被大众熟知，研究蚕桑与药食资源加工的农村科技特派员穆利霞博士深有体会，她表示蚕蛹具有蛋白含量高、氨基酸结构合理、油脂中不饱和脂肪酸及多种功能性成分含量高等优点，具有极高的营养价值，但蚕蛹、蚕蛾一直没有得到有效利用，导致整体产业经济效益不佳。

精深加工是实现产业提质增效的有效途径，穆利霞团队十年磨一剑，专注于以蚕蛹为基料开发一些食品、保健品和药品，科技特派员根据蚕蛹的营养成分，通过筛选、烫漂灭酶、打浆、酶解、美拉德生香和风味包埋等工艺，研发出了一些富肽型高档呈味的基料。

目前，依靠他们的技术，蚕蛹在加工成风味配料和食品基料方面的产

品应用非常突出，这对于提升蚕蛹资源的附加产值，增加农民收入和提高企业效益具有重要意义，也为蚕桑资源多元化开发和产业升级提供了新思路。

疏解水产加工之困，提高加工副产物价值

一条鱼加工成鱼片后，剩下的鱼头、鱼尾、鱼皮、鱼鳞、鱼骨等加工副产物怎么处理？大多数企业将这些加工副产物作为饲料，价值没有得到充分开发利用。

省农科院加工所科技特派员与企业合作建成广东省鱼胶原蛋白肽
工程技术研究中心挂牌仪式（摄影：张丽）

近年，科技特派员张业辉研究员和他所在的水产品加工团队一直致力于开展水产养殖、保鲜冷链初加工、水产品深加工产业服务，对汕尾、珠海等地水产加工企业经过调研后，针对企业的主要产品和地域特点，针对性地研发功能性水产食品，提高加工副产物的综合利用价值。

张业辉表示，与企业共同研发的小分子量鱼胶原蛋白肽，具有增强免疫、美容等功效，可应用于保健食品、临床营养品、化妆品、医用材料等领域。他和团队还帮扶企业一起组建了广东省鱼胶原蛋白肽工程技术研究中心，进一步加大技术支持力度，提高应用企业的科技含量。

　　近期，加工所的科技特派员又去了湛江开展水产业等农业复产调研与指导工作。调研了企业在珠海的水产养殖及保鲜冷储、加工基地建设进展情况。与企业详细探讨了水产品微冻保鲜技术和黑水虻非餐厨健康养殖技术与应用。

　　（2020 年 4 月 26 日学习强国，原题目：《省农科院加工所科技特派员专注农产品加工，提升农业产业附加值》）

百余支队、740人！
广东省农科院科技特派员暑期大下乡

广东省农科院"农村科技特派员暑期大下乡"活动日前启动，院属740多名农业科技特派员及各地市科技特派员组成115支团队，分赴广东各地农村，以项目为抓手，对农业生产进行调研指导。

自广东省科技厅启动2020年农村科技特派员"暑期大下乡"活动以来，广东省农科院迅速反应，制定暑期大下乡活动方案，转发《2020年广东农村科技特派员暑期大下乡倡议书》，动员组织15个院属单位740多名省农村科技特派员以及其他各地市的农村科技特派员，以项目为抓手，组建115支省、市农村科技特派员团队，依托13个地方分院、促进中心以及专家工作站平台，积极开展暑期大下乡活动。

7月23—24日，广东省农科院院长陆华忠一行前往汕尾市合利农业发展有限公司、海丰县可塘镇万亩油占米基地、陆丰市陂洋镇菠萝种植和加工基地进行调研指导。近年来，在省农科院的科技支撑下，汕尾现代农业高速发展，在2019年度乡村振兴考核中，汕尾被评为优秀，为粤东片区第1名，得到了省委、省政府的通报表扬。

在湛江市，7月23日，省农科院农业资源与环境研究所农村科技特派员在省农业农村厅对口帮扶贫困村那毛村举行"水稻秸秆还田与离田饲料化现场观摩暨研讨会"，展示了水稻秸秆捡拾打捆机械作业、秸秆收割与秸秆粉碎收集作业、无人机喷洒秸秆腐熟剂作业等技术，为雷州市秸秆资源综合利用工作提供技术支撑。

7月22—23日，省农科院作物研究所农村科技特派员李少雄、温世杰受南雄市坪田镇老龙村村委会邀请，到该村开展花生种植户花生栽培技术和病虫害防治，以及花生收获后的安全储藏技术指导。

7月24日，农村科技特派员团队到茂名市茂南区省定贫困村洪山村开展科技特派员下乡服务，与驻村书记、村委负责人等对接，对洪山村水产养殖、蔬菜新品种引进、品牌创建等问题进行指导，为贫困村脱贫致富提供科技支撑。

农村科技特派员团队还分赴惠州、肇庆、潮州、梅州等地，根据当地农业生产特点、因地制宜进行技术指导、现场培训，为当地农民科学生产提供技术保障，深受欢迎。

（《人民日报》客户端 2020 年 7 月 29 日）

广东省农业科学院院地合作模式助推汕尾乡村振兴

近日，广东省 2019 年度推进乡村振兴战略实绩考核工作结果"出炉"，汕尾蝉联粤东片区第一名，此前在 2018 年度考核中，汕尾名列粤东西北片区第一名，佳绩频传。汕尾乡村振兴"双桂冠"的取得离不开科技兴农助力。近年来，广东省农业科学院（简称"省农科院"）实施"共建平台、下沉人才、协同创新、全链服务"院地合作模式，引领全省科技强农创新热潮，为汕尾乡村振兴增添新动能。

共建分院平台，着力丰富汕尾科技资源

省农科院与汕尾市立足各自优势，合作共建科技平台，共同打造乡村振兴的农业科技新引擎。广东省农业科学院汕尾分院（以下简称"汕尾分院"）于 2018 年 11 月挂牌成立，有针对性地开展了"果蔬病虫害防控""水稻种植技术""军船头村土地流转政策""农产品电商销售""汕尾水产养殖技术""广东省农业用地政策解读""茶叶加工技术""畜禽病害防疫检疫"等培训，当地受训人员 600 人次以上，辐射 1 000 人次以上，并在战"疫"春耕期间派发"战疫进行时 科技助春耕""非洲猪瘟防控"等科技宣传资料 1 000余份。

据悉，汕尾分院成立以来，在省农科院和汕尾市农业农村局的领导下，在产业服务及人才培养方面做了大量的工作。以共建形式支持汕尾下属县区或企业成立了"海丰油占米产业研究中心""海丰县茶叶产业研究中心""海丰县水果（荔枝）产业研究中心""海丰县蔬菜产业研究中心""海丰县畜禽产业研究中心""汕尾市乡里巴巴甘薯脱毒工程中心"等。

高质量完成了《汕尾市农业调研报告》和《汕尾市农业科研与推广机构调研报告》，为市委、市政府决策部署提供重要参考依据。协助各级政府编制了《海丰现代农业产业发展规划》、《汕尾市华侨管理区现代农业发展总体

规划（2016—2020年）》等7个发展规划，正在研究编制《汕尾农业农村发展"十四五"规划》和《汕尾市农业融湾发展规划》等草案。在2020年的乡村振兴擂台赛中，为汕尾市农业农村部门和海丰新山村提供了及时的工作指导，成效显著。

主动下沉人才，着力壮大农业科技力量

省农科院创新开展"借巢孵蛋"人才培育方式，与汕尾联合选培博士等高层次人才，创新人才招聘形式，着力补足高层次人才短板，出台指派导师1对1带教、吸收参加院科研团队、5年后工作兜底等激励措施。广东省农村科技特派员、汕尾市农业农村局副局长蔡时可介绍，"广东省农科院、汕尾市人社局、汕尾市农业农村局于今年五月联合发布面向全国招聘20名涉农博士的公告。省农科院给予汕尾农业博士招聘兜底的政策，汕尾招聘的涉农博士工作5年后，经考核合格，可以选择留在汕尾或到省农科院工作，且工作期间可以参与省农科院承担的科研项目，这个措施有望打破汕尾高端人才招聘难的局面，缓解地方高层次人才招不来、留不住的困局。"

同时，省农科院派驻专家常驻与柔性驻点相结合支援汕尾农业。汕尾分院成立以来，省农科院累计派出9名高层次科技人员（其中博士7人，硕士2人）长驻分院；根据需求派出200多人次专家柔性到汕尾开展工作。

开展协同创新，着力破解产业科技难题

围绕汕尾特色优势产业发展需求，在汕尾市大力支持下，省农科院组织专家团队承接汕尾市农业四个科技专项，要求每个项目团队在解决具体问题的同时，必须配备一名本地专业人员，起到"传帮带"的作用。"目前在各类举措的共同作用下，汕尾已逐步打造出农业亮点，荔枝、甘薯、茶叶等产业日益发展壮大。"蔡时可继续介绍，如通过开展荔枝高接换种及配套栽培、病虫害防控、加工技术提升等工作，稳定荔枝产量，提高荔枝质量，目前已高接换种仙进奉、冰荔、凤山红灯笼、观音绿、井岗红糯等15个品种，成效显著。

除了做好汕尾市荔枝高接换种及配套栽培、加工技术集成示范，近年来莲花山茶叶品质综合提升关键技术研究、优质食用型甘薯健康种苗繁育与栽培技术标准化示范以及南药牛大力和粉葛的品系选育与栽培等工作也"一路高歌"，在茶叶、甘薯、南药等产业部分"卡脖子"技术难题上取得了初步突破。

此外，省农科院协助汕尾市农业科学院创建农业试验示范基地。在试验示范基地土地流转、设计规划、技术引进等方面全程协助，着力提升汕尾本地农业科研机构水平。省农科院联合地方农科机构、企业共同申报项目，增

省农科院院长陆华忠在汕尾稻米企业调研指导

强产业发展后劲，协助汕尾市农科院、汕尾市绿汇农业有限公司等公司申报省科技厅、省农业农村厅"一村一品"、汕尾市省级科技专项资金项目，并获得立项 10 余项，金额 800 余万元。

深化全链服务，着力补足汕尾农业科技短板

汕尾分院自成立以来，注重科技孵化，较好地帮助农业企业提升核心竞争力。派出科技人员走访了汕尾本地企业 100 余家，广泛收集技术需求，并以问题为导向，联系省农科院各研究所对接企业，累计派出专家 200 余人次为农业企业进行培训、技术指导。

为了更好地为汕尾市省级农业产业园提供全方位的服务，根据海丰蔬菜、陆丰萝卜、陆丰甘薯、海丰丝苗米、陆河青梅等 5 个省级现代农业产业园的建设需求，量身定做安排全产业链科技服务团队，提供全天候、全方位技术服务，打造出科技支撑海丰蔬菜产业园建设的"海丰经验"。

此前，省农科院为海丰油占米提供全产业链服务，全力帮助"海丰油占米"成功申报为国家农产品地理标志登记保护产品，种植户每亩增收 300 元以上，为农民增收作出了实实在在的贡献。省农科院还于 2019 年 9 月协助陆丰县成功举办"中国陆丰甘薯产业发展大会"，协助筹划成立汕尾市甘薯产业协会，创立汕尾市甘薯种苗脱毒工程中心，补足甘薯产业链短板。

值得一提的是，省农科院帮助华侨管理区完善农业产业链条，农业企业的竞争力得到了显著提高，龙头企业的带动示范作用逐渐增强，农业种植结构得到改善。目前，华侨的荔枝新品种仙进奉、冰荔已接近百亩，仙进奉荔枝 2020 年批量挂果后售价保持在 120 元/千克以上，"白玉油甘"售价保持在 240～300 元/千克。品种结构的改良对于增加种植户效益、推动华侨管理区"乡村振兴、产业扶贫"具有积极的意义。

（2020 年 7 月 31 日学习强国）

授人以渔 科技为韶关乡村振兴增添新动能

一座座现代化的蔬菜种植大棚,充分展现了现代农业科技的发展魅力;与时俱进的柑橘病虫害精准防控技术,让农户切身体验无人机防控等高科技手段;专业又接地气的农业技术服务指导,让农户的种植思路豁然开朗……近年来,韶关市大力发展现代农业,全面提升农业发展现代化水平,为农民增收致富增添新动能。这很大程度上得益于省农科院探索"共建平台、下沉人才、协同创新"的院地合作模式,与韶关市合作共建科技平台,为韶关市打造了一个乡村振兴的农业科技发展新引擎,助推韶关市乡村振兴。

授人以渔,全民提升人才素质

"前期温度太低影响植物生长,随风飘移的除草剂与淋施未腐熟的人粪尿水等也影响了植株生长,我们应该改良土壤质量、淋清水、科学施用有机肥、喷洒农药……"正值春耕关键时期,广东省农业科学院韶关分院(以下简称"韶关分院")与共建单位韶关市农业科技推广中心科技人员赴省定贫困村厚坑村开展农业技术服务工作,赠送蔬菜种苗800多株,现场指导农作物种植,解决农户南瓜、辣椒等生长、施肥、病虫害等问题。随后,科技人员还赠送了新育成节瓜苗和韭菜苗,并提供了具体移栽、种植、施肥、病虫害防控等具体指导的书面材料。

当地农户及村干部一边聆听科技人员建议,一边积极提问和交流,认真做好记录,为接下来的生产做好充分的准备。不仅如此,科技人员还与当地农户、村委等互相留下微信、电话等联系方式,实现"人走、技术指导不走",保证了科技下乡和农业技术服务的及时性和持续性。农户们都说,这样贴心的现场"手把手"教学,能真正学到本领,真的是太实用了。

授人以鱼不如授人以渔。实际上,这只是韶关分院主动对接村驻点干部,签订协议和赠送种子、种苗,并为当地提供现场指导、技术培训,提升人才素质的一个缩影。

韶关分院自 2016 年 3 月 28 日挂牌成立以来，在韶关市政府、广东省农业科学院、韶关市农业农村局领导的关心下，以"扎根粤北，服务'三农'"为宗旨，立足韶关当地农业实际，依托各专业所，积极示范推广了一批农产品新品种、新技术，截至 2019 年年底，韶关分院示范推广适宜本地蔬菜、水果、水稻等新品种近 100 多个，在全市范围内举办各类农业科技培训会 33 场次，培训人数达 3 000 人次，并以专家服务团、科技特派员、带培本土专家等方式推动高素质人才下沉地方，与地方联动打造一支"政府信得过、企业用得上、农民离不开"的科技队伍，壮大基层农业科技力量，受到广泛好评。

牵线搭桥，破解企业科技服务难题

产品有了，该如何提升品质，拓宽销路？与众多农业企业一样，韶关市妈妈菜农业科技有限公司总经理李启明也有过这样的迷茫。日前，他带着心中的疑惑，来到了韶关分院，进行深入的技术交流与座谈，了解广东省农业科学院品种技术与科技成果，对接了蔬菜种植技术需求与合作模式。

分院科技人员在蔬菜基地环境检测、农产品抽检、线上销售与会员制构建等方面给予了建议和指导。在韶关分院一众专家的指导下，李启明明白，要抓住发展契机，利用科技手段，解决农业产业发展过程遇到的技术难题，做好产销对接，让自己的企业得以发展壮大。一条前所未有的发展创新之路在李启明眼中渐渐明晰。

积极为企业开展科技对接服务工作，这便是韶关分院一直以来努力着、并为之奋斗的事情。

四年来，韶关分院调研了全市各级农业部门、推广机构、农业企业、家庭农场等 100 多家单位，为乐昌香芋等 9 个省级现代农业产业园提供科技对接和专家服务支撑，与企业建设合作示范基地 18 个、挂牌指导单位 30 个，举办科企对接、农村科技特派员下乡等活动 100 多次，帮助 10 多家农业企业获得各级龙头企业称号（其中省级农业龙头企业 2 个），联合市县农业科研与推广机构、农业企业等获得省、市各级科技项目经费近 1 000 万元，有力带动和提升了韶关市各级农业科研、推广机构与各类经营主体的农业科研能力。

2020年以来，根据上级部署和韶关产业发展需求，紧紧抓住省现代农业产业园的建设和验收契机，韶关分院积极主动开展省级现代农业产业园调研与对接服务，先后对食用菌、蔬菜、香芋、花卉、柑橘、油茶等相关产业园、企业、合作社等开展对接服务，并联系相关专家服务团开展服务与技术支撑。积极与2020年新获得的韶关生猪优势产区现代农业产业园、乐昌市岭南落叶水果省级现代农业产业园专家支持团队与相关部门取得联系和做好对接服务。同时，分院还积极组织驻点人员与依托单位科技人员开展产业调研和科企对接、农村科技特派员下乡等活动26次、网络对接与技术服务20次，指导各级农业企业和合作社等开展农业生产、产业规划等，通过指导点挂牌、合作基地挂牌、技术合作签约等建立各类科技示范基地11个。

科技是第一生产力，尤其在农业发展方面大有可为。省农科院韶关分院正立足韶关，放眼未来，在产业对接、服务地方、科技合作等方面不断取得新进展，有力带动和提升了韶关市各级农业科研、推广机构与各类经营主体的农业科研能力，有效解决了韶关市农业产业发展遇到的技术难题，为韶关市特色农业发展和乡村振兴提供了科技支撑，为构建粤北经济强市、和谐韶关贡献独特的力量。

（2020年8月3日学习强国，原标题：《广东省农科院创新"院地合作"模式为韶关乡村振兴增添新动能》）

创新院地合作　注入科技力量

"今年无人机播种的早稻产量最高,立体种养水稻的产值也破了纪录!"刚过去的夏收,拿到测产成绩单的广东省农业科学院水稻研究所研究员黄庆很开心。作为广东农科海纳农业研究院副院长,黄庆已扎根惠州科技服务4年,见证了科技创新为当地的农业生产带来的巨变。

这是广东省农业科学院(下称"省农科院")助力惠州实现产业振兴的缩影。

近年来,省农科院实施"共建平台、下沉人才、协同创新、全链服务"院地合作模式,为推动惠州市现代农业的高质量发展,注入了源源不断的科技力量,助推惠州产业兴旺,引领乡村振兴。

做好"火车头"　成果落地多方受益

正值夏收"双抢"时节,广东海纳农业有限公司(下称"海纳农业")的技术人员按照种植计划,不慌不忙地操作着无人机播撒新一茬水稻种子;农田旁的产业大楼,全自动加工流水线上,一袋袋稻米和米糠产品鱼贯而出。这批新产品将供往珠三角的高端超市。

海纳农业的水稻生产是传统农业和现代工业有机结合的典型代表,背后的推动力是科技创新。这与省农科院的助推密不可分。

"刚到这里时,基地的早稻常发生'倒伏',一倒倒一片,对企业生产经营影响很大。"黄庆说,自己来到海纳农业的第一件事,就是帮助企业更新品种,"通过引进的象竹香丝苗、调整肥料含量配比等,有效减少了倒伏现象。"

黄庆介绍,象竹香丝苗是省农科院培育的抗倒伏水稻新品种,在抗病性、产量和质量等方面表现优异,"如果没有市场化生产的企业行为,该品种可能还'深藏闺中'"。

密切的院企合作，加快了成果转化落地速度，实现了从理论到实践、从实验室研究到产品生产线的产业化蜕变。目前，海纳农业超过一半的水稻生产基地改种象竹香丝苗，并获得了良好的市场反响。

"每季度，我们示范种植优质水稻品种超过10个。"黄庆说，依托海纳农业研究院，省农科院先后为惠州引进粤禾丝苗、美香占2号、粤美占等优良品种31个，设立1个品种技术综合示范区，实现了企业经营、成果转化与社会效益的多重价值体现。

做好"服务员" 科技服务硕果累累

"企业是科技创新的主战场，推动科研力量向企业转移是必然趋势。"离开实验室，来到农业生产一线，这是黄庆驻点惠州以来最深的感受。

2020年4月，惠城丝苗米产业园被纳入国家现代农业产业园创建管理体系，作为产业园建设主体企业之一的海纳农业，在科技兴农方面获得了更广阔的发挥空间。

依托院企共建的海纳农业研究院，省农科院栽培、加工等领域专家不断深化科技对接服务，在丝苗米优质品质选育及高效栽培技术、稻米副产品加工技术、质量安全控制体系等方面形成了多项研究成果。

不久前，新建的海纳农业产业园大楼的实验室部分通过了专家验收，这标志着院地合作将进入全新发展阶段。省农科院为海纳农业检测实验室的建设提供科技支撑，现正着手申请第三方检测机构认证，未来可能成为省级产业园中的首个第三方检测实验室。

不远的将来，这里不仅可以满足公司日常稻米的生产检测，也可服务承接其他农产品、土壤、肥料等检测任务。这里将被打造为全省稻米科技研究与成果转化的策源地，院企合作将结出更多科技硕果。

做好"联络员" 常态化开展技术服务

省农科院与海纳农业开展院企合作，是该院着力加强院地农业科技服务对接的缩影。2016年12月22日，惠州市人民政府与广东省农业科学院达成全面战略合作，依托该市农业农村综合服务中心挂牌成立广东省农业科学院惠州现代农业促进中心。

近年来，围绕该市农业发展、人才培养需求开展乡村振兴，现代农业产业园建设，"一村一品、一镇一业"等科技对接工作，该中心紧密联系农业部门和企业，通过开展各类专项合作，开启了院地合作新模式。

据统计，自中心成立以来，省农科院共派驻惠州现代农业促进中心科技人员 8 批次 9 人，派出到企业的科技人员 4 批次 8 人，组织专家团队 20 多批次 180 人的专家团，建成 6 个促进中心地方工作站，促成省农科院建设在惠示范基地 25 个，科技支撑服务 7 个省级产业园。

同时，组织专家团队举办农技培训会 30 多场、引进示范推广省农科院水稻、玉米、甘薯、马铃薯、茶叶、荔枝等新品种近 80 个、合作实施技术100 余项，推动院地联合科技合作攻关项目 40 多项，为地方主导产业提供"保姆式"全产业链条科技支撑和智力支持，引领、带动、辐射周边，全面助力该市农产品增值、农民增收、农业产业发展。

（2020 年 8 月 5 日《南方日报》）

农村科技特派员"送真经" 助力东源板栗产业转型升级

"专家教我们的办法挺管用，特别是让我们进行品种改良后，解决了病虫害和品质的问题，离板栗成熟期还有 45 天左右，请专家把把关，我再学点经验。"在河源市东源县船塘镇三河村，张伟亮见到省农科院专家到来时欢喜地说了起来。

板栗是东源县传统的优势特色产业，近年来，东源县大力发展板栗产业，在板栗产业园的建设过程中，省农科院以科技创新助力产业转型升级，选派了一批批农村科技特派员来到东源县，从规划咨询、品种选育、栽培管理、病虫害防治、加工物流以及品牌建设等方面提供了全链服务，引领该县脱贫攻坚由"输血式"向"造血式"转变，有效地促进了农业科技成果转化，走出了一条农业生产规模化、特色化、优质化和标准化的路子。目前，板栗已经成为当地百姓致富奔小康的"绿色银行"。

专家为板栗"把脉问诊"

当前，正值板栗果实膨大时期，由于天气干旱原因，东源县船塘镇丽亮板栗种植专业合作社负责人张伟亮担心对产量造成太大影响，特意把省农科院专家邀请到基地，为板栗"把脉问诊"。

"果园太干旱了，需要采取果园滴灌或者果园生草栽培，用技术措施解决干旱问题。""用生物农药和诱捕杀技术，板栗病虫害问题解决了，这种天气，病虫比较少，可以松一口气了"……沿着板栗树走了一圈，省农科院植保所和果树研究所的专家李振宇和陆育生分别给张伟亮提供了指导。

张伟亮是东源县船塘镇丽亮板栗种植专业合作社的带头人，从 2009 年开始，他和社员们共同创建了 500 亩的板栗示范基地，在种植板栗的过程中，由于东源板栗品种老化、苗木来源混乱、病虫害严重及缺乏科学栽培修剪技术等问题，导致板栗产量降低，品质下降，成为制约板栗产业发展的重大问题，这让种植户也没有了种植的热情。得知此情况后，省农科院的专家来到了张伟亮等种植户的板栗种植基地，为他们的板栗种植送来了一个个科技种植新招。"当时，省农科院果树研究所的专家用'高接换种'的方式，帮我们种植户解决了品种老化这个大问题，经过改良之后，我们的板栗从亩产不超过 100 千克，到亩产 300 千克以上。"张伟亮说。

记者了解到，从 2017 年 6 月开始，秉承着"共建平台、下沉人才、协同创新、全链服务"的理念，省农科院在河源市开展"院地合作"。在这个过程中，专家团队一个又一个的科技支招，让像张伟亮一样的板栗种植户有了新盼头。

转型升级完善产业链

7 月底，室外的温度高达 30 ℃，记者随同专家们走进东源县板栗发展有限公司生产车间，只见巨大的冷库并排而立，寒意从门缝中不断流出。"我们一共有 17 个冷库，其中公司有 7 个，船塘镇设有 10 个，主要储存收购来的板栗。"该公司经理李思梅介绍。

作为产业园内一家板栗加工企业，曾经，东源县板栗发展有限公司在加工板栗过程中遇到了板栗大小不一、炒制受热不均匀、产品单一等问题，也让板栗深加工遇到了许多瓶颈，通过省农科院的"院地合作"，该企业突破了原有的生产限制，发展板栗精深加工产品，从而实现板栗增值农民增收。

据了解，为了协助东源县做强板栗产业，省农科院与东源县签订产业园共建双责任主体合作协议，明确省农科院为板栗产业园建设的科技支撑单位，为板栗产业园建设提供产业发展技术、人才支撑队伍。自 2019 年东源板栗产业园成立以来，省农科院专家服务产业园 40 余次，服务产业园天数 200 余天，技术培训 500 多人次。专家们不但提供了技术指导，而且协助东源板栗成功登记农产品地理标志，赋予了东源板栗更大能量。

"如今，东源板栗的品牌价值达到了 37.8 亿元。"省农科院东源农业发展促进中心办公室主任宫晓波表示，通过品牌赋能，预计 2020 年东源板栗的价格将在原来的基础上提高，该县板栗农户的增收能够达到 2 000 万～4 000 万元。

（2020 年 8 月 5 日学习强国）

广东省农科院院地合作新模式　引领全省科技强农新浪潮

"有了省农科院的科技支撑，我们佛山农科所的科技创新有底气了"，佛山市农科所李湘妮所长介绍，"2016 年，省农科院与佛山市人民政府共建佛山分院，通过分院建设，省农科院为我们带来了大量的农业科技人才、资源和理念，我们所入选国家现代农业科技示范展示基地、广东省工程技术研究中心等名录，获得全国农业农村系统先进集体荣誉称号，科技产出成果较分院建设前大幅度提高，实现农业农村部农牧渔业丰收奖等省部级奖零的突破，获得省部级、市级科研成果奖励 17 项，育成新品种 6 个，发表论文 60 余篇"。

共建平台，为丰富地方科技资源出实招

省农科院与地方政府立足各自优势，合作共建地方分院平台。省农科院与 12 个地级市政府和 1 个县政府共建了 13 个省农科院地方分院（促进中心），按照"科技攻关、集成推广、成果转化、人才培养"的工作任务，每年安排 1 000 万元专项资金，派出 80 多名专家带项目、带资金、带技术常驻地方，联结全院科技人员全力服务地方和产业，成为地方农业科技工作的领头羊。

"有了省农科院汕尾分院的科技支撑，我们汕尾的科技人才不愁了"，汕尾市农业农村局副局长蔡时可介绍，"省农科院创新开展'借巢孵蛋'人才培育方式，'使用地方编制，省农科院兜底'，与汕尾联合选培博士等高层次人才，招聘的人才使用汕尾市当地编制，在当地工作，参加省农科院科研团队，省农科院指派导师一对一培养，在当地工作满 5 年并经考核合格后可根据本人意愿继续留在当地工作或调到省农科院工作，以缓解地方高层次人才招不来、留不住的困局。"

下沉人才，为壮大农业科技力量鼓实劲

广东省农科院以专家服务团、科技特派员、带培本土专家等方式，与地

方联动共同打造出一支"政府信得过、企业用得上、农民离不开"的科技队伍，从根源上壮大基层农业科技工作力量。组织专家服务团下乡。聚焦水稻、果树、蔬菜、茶叶、畜牧等广东特色优势产业，组建由院长任团长的科技专家服务团，设7个分团，选派行业学科领军人物为领队，280名副高以上职称、多学科协同配合的专家作为成员。仅2019年就有1 200多人次专家深入到92个县（市、区）的300多个镇村开展技术服务，实现配备一批专家、服务一片产业的目标。组织科技特派员上门。组织科技特派员带技术、带项目、带团队形成"科技特派团"深入生产一线，帮助解决产业实际难题。带培本土专家入户。通过"请进来、走出去"方式加大对基层农技人员的培训力度，带动和培育本土人才。每年通过院本部带训和分院平台互动、新型农民培训与直播平台、农科大学堂APP线上互动相结合的方式，培训地方科技人员、职业农民、种养能手、乡村工匠等6 000多人次。

协同创新，为破解产业科技难题用实策

广东省农科院围绕产业发展的关键问题，组织省市县专家团队协同攻关，组建企业研发机构，释放科技创新要素活力，多措并举解决了一批产业发展关键技术问题，有效提升创新水平。一是打造产业创新链条。多方合作，形成省农科院、地方农科所、企业研发机构协同创新的链条，全面提升科技支撑产业高质量发展的能力。二是增强企业创新能力。实施农业企业科技支撑计划，与大型企业开展联合科技攻关，与中小微企业共享公共创新服务平台，向合作企业开放全院100多个国家级和省部级农业科研平台，每年联合申报项目100多个，派出企业科技特派员100多人次，有效降低企业创新成本，提升企业创新投入精准度，推动企业创新能力快速提升。三是促进成果融进产业。建立科技成果转化平台，制定推动科技成果转化的激励措施，联动企业推动科技成果快速产业化，惠及众多企业，释放出科技成果转化乘数效应。

全链服务，补足产业发展科技短板

现代农业发展，加强多学科协同，率先组建全产业链专家团队，持续增

强科技支撑产业高质量发展力度。一是全力支撑现代农业产业园建设。探索出"一园一平台，专家进企业"的产业园科技服务模式，组建了132个全产业链科技服务专家团队，为粤东西北114个、珠三角18个省级现代农业产业园提供全链条、全方位、全天候科技服务，解决了产业园中40多个关键技术问题，为产业园企业选育及推广了65个新品种、研发及推广73项新工艺，为产业园企业提供了5 055人次的技术培训。二是全力支撑富民兴村产业建设。加强先进实用科技研发，品种和技术连续4年在省农业主导品种和主推技术中占比分别超60％和70％，增强了服务富民兴村产业的能力。三是全力支撑农产品质量建设。聚焦研制标准到品种、投入品、生产技术等关键环节，从生产到加工、营销、品牌建设全过程靶向精准服务，研究推广"生态茶园建设规范"等一批生产标准，为优质安全农产品生产提供全程核心技术保障，科技支撑打造英德红茶、三水黑皮冬瓜等20多个国家和省级农业品牌，助力"小特产"升级为"大产业"。四是全力支撑突发灾害应急工作。面对突发灾害事件，与省农业农村厅、科技厅、财政厅等部门协调联动，打出"政策＋科技"组合拳，第一时间派出包括疫病防控、质量安全、生产管理等领域专家团队提供技术指导，最大限度减少群众损失，为乡村振兴营造稳定环境。

（《新华网》2020年8月6日）

协同创新　全链服务

——广东省农业科学院用科技犁出乡村振兴南粤沃土

平台搭起来，人才沉下去，项目带下去，农民富起来，产业旺起来……近年来，广东省农业科学院充分发挥广东农业科技创新主力军作用，当好农业科技"火车头"，创新"共建平台、下沉人才、协同创新、全链服务"的院地合作模式，用科技之犁开垦乡村振兴的南粤沃土。

平台共建，强基固本有新招

"有了省农科院的支持，我们基层的科技创新更有底气了。"佛山市农科所所长李湘妮介绍，2016年省农业科学院与佛山市人民政府共建佛山分院后，佛山市农科所实现了6个零的突破：国家级科技项目零的突破、国家现代农业科技示范展示基地零的突破、省级工程技术研究中心零的突破、全国农牧渔业丰收奖二等奖零的突破、全国农业农村系统先进集体奖零的突破、中国重要农业文化遗产零的突破。

这样的事例比比皆是。广东省农业科学院创新"政产研"科技服务体系，与地方政府合作共建13个地方分院，每年安排1000万元专项资金，派出80多名专家带项目、带资金、带技术常驻地方，全力服务产业发展。建立乐昌岭南落叶果树研究所等28个专家工作站，撬动各地安排2000多万元资金，围绕26个地方特色主导产业，联合组建49个科技团队开展大调研、大攻关、大推广。

汕尾市农业农村局副局长蔡时可介绍："省农业科学院还创新'借巢孵蛋'的人才培育方式，分院人才名额使用地方编制，由省农业科学院兜底并指派导师'一对一'培养，在当地工作满5年并经考核合格后可根据本人意愿继续留下或调到省农业科学院工作，从而破解地方高层次人才'招不来、留不住'的困局。"

协同创新，攻克难题出硬招

广东省农业科学院打造产业创新链条，联合相关高校和有基础的市、县农科机构，在解决荔枝大小年、菠萝黑心病等 8 个关键性技术问题上集中发力，已经实现初步突破。同时，向合作共建的 34 家研发机构、346 个示范基地派出领军专家和团队，围绕产业发展关键性技术问题开展联合攻关，产生了"鸡球虫病疫苗"等一批大成果，解决了 20 多项重大科技难题，帮助制定了 30 多项行业或企业标准。组建广东金颖农业科技孵化平台，构建起"创业苗圃-孵化器-加速器"链条，全力打造"农业科技创新硅谷"。

依托"一园一平台、专家进企业"的产业园科技服务模式，广东省农业科学院组建了 132 个专家团队，为珠三角 18 个、广东其他地区 114 个省级现代农业产业园提供科技服务，解决了建设中遇到的 40 多个关键性技术问题，为产业园企业选育及推广了 65 个新品种、研发及推广了 73 项新工艺，提供了 5 055 人次的技术培训。聚焦品种、投入品、生产技术等关键环节，生产、加工、营销全过程靶向精准服务，助力打造了"英德红茶""三水黑皮冬瓜"等 20 多个国家和省级农业品牌，助力"小特产"升级为"大产业"。

人才下沉，科技惠农落实招

广东省农业科学院以专家服务团、科技特派员、带培本土专家等方式，与地方联动打造出一支"政府信得过、企业用得上、农民离不开"的科技队伍。以行业学科领军人才为领队，280 名副高以上职称人才组成专家服务团。仅 2019 年，就有 1 200 多人次深入到 92 个县（市、区）的 300 多个镇、村开展技术服务。

广东天农食品有限公司负责人张正芬介绍："省农业科学院利用先进集成的禽病诊断技术，为清远当地养殖户提供细菌、球虫耐药性定期监测，为家禽的健康保驾护航。"惠州海纳现代农业产业园建设伊始，广东省农业科学院研究员黄庆便驻点为企业进行产前、产中、产后的悉心指导。"专家真正为我们解决了实实在在的难题。"惠州市海纳农业有限公司负责人钟振芳告诉记者。

（2020 年 8 月 11 日《农民日报》）

秉承公益服务属性，农业、农村险难时刻的"逆行者"

省农科院坚持将突发公共事件的应急科技支持为己任，在险难时刻主动担当。在"天鸽"、"山竹"台风、"龙舟水"、旱情持续袭击、大部分地区农业生产受到严重影响之时，省农科院迅速组织相关科技人员奔赴田间地头、厂房，查苗情、查墒情，深入一线对农业生产开展技术指导，为灾后复产和动物防疫提供强有力的科技支持。在防控非洲猪瘟的关键时刻，省农科院迅速组织科技人员开展技术研究，主动参与动物疫情监测预警、分析和检测，实地开展防控技术指导，得到相关地政府和群众的一致好评。在 2020 年新冠肺炎战"疫"和春耕工作的关键时刻，省农科院通过分院平台快速响应，编著出简明扼要、通俗易懂的农村防疫指南和春耕生产技术要点，派出科技人员进行线上和深入农村开展技术指导，为全省乃至全国的农村防疫和农业复耕复产提供及时有效的技术支撑，充分发挥农科院专家应急显身手的作用。省农科院联合省农业农村厅编写、由广东科技出版社出版的《农村新型冠状病毒肺炎防控指南》和省农科院编著、由南方日报出版社出版的《战"疫"进行时 科技助春耕——2020 年春耕生产技术要点》两本专著，均为全国同类型首本技术专著，深受社会广泛欢迎。

全面融入乡村振兴战略工作大局

"深化农业科技成果转化和推广应用改革""建立产学研融合的农业科技创新联盟""发挥科技人才支撑作用"……2018年的中央1号文件——《中共中央　国务院关于实施乡村振兴战略的意见》在聚焦乡村振兴战略的同时，也凸显了科技创新在乡村振兴中的重要位置。

诚然，乡村振兴，离不开科技创新的有力支撑。广东省农业科学院（下称"省农科院"）以"科技创新，服务'三农'"为使命，在广东省实施乡村振兴战略中不但可以有所作为，而且可以大有作为。

为此，该院日前还印发了《广东省农业科学院乡村振兴科技支撑行动计划（2018—2022年）》（以下简称《行动计划》），《行动计划》确立了六大目标、八大行动，全面融入广东省乡村振兴战略工作大局，为广东省实施乡村振兴战略提供坚强的科技支撑和引领，充分体现省农科院在科技支撑乡村振兴中的排头兵作用。

"六个一批"确立总体目标

《行动计划》以广东省关于推进乡村振兴战略的实施意见的部署、要求及任务分工为统领，坚持需求导向和问题导向，确立内容与目标；立足省农科院优势和特色，统筹资源和要素配置，坚持创新引领与集成支撑相结合；坚持点面结合，稳步推进，务求实效，明确了六大总体目标，分别为：

参与编制一批规划。编制全省现代农业产业园、田园综合体、农业公园、农产品加工园区等园区规划100个。科技服务支撑现代农业产业园60个，其他农业园区与科技园区45家，园内企业80家。

育成一批优良品种。育成具有核心竞争力与自主知识产权的动植物优良品种150个，建立优良品种和先进技术推广应用示范点100个。推进省种质资源库建设，收集保存农作物和动物种质资源达50 000份。

创制一批产业先进适用技术。创新、集成并示范优势特色农产品全产业链技术 20 套,大宗农产品高质精深加工、质量安全控制、规模化生产工艺及配套装备技术 30 套,休闲农业、田园综合体建设技术 5 套;组建现代农业产业园区专家团队 30 个,支撑服务产业园区 60 个、农业企业及专业合作社等 280 家。推进和加快基于物联网与大数据的农业高新技术和农业机械技术应用。

集成一批美丽乡村建设技术。集成并示范农业废弃物及大宗农产品加工废弃物资源化利用技术、农药化肥减量安全使用技术、农村水环境污染防控与修复技术、耕地重金属污染防控与修复技术、花海和花卉景观建设技术 20 套,对接县(区)40 个,建立示范基地 50 个,服务企业 70 家,推广面积 400 万亩。

培育一批农业农村人才。培训农业企业、合作社等新型经营主体负责人和技术人员 4 000 人,培训新型职业农民、农村致富带头人和基层科技人员 23 000 人。

培育孵化一批农业龙头企业及上市农业企业。推进和加快广东金颖农业科技孵化有限公司建设,转化成果/技术 45 个,培育孵化和对接企业 45 家。

"八大行动"确保见实效

为顺利完成"六个一批"的总体目标,《行动计划》明确了八大重点任务及 25 项具体事项,八大重点任务可归纳为八大行动,即:

规划引领行动。在省发改委牵头和指导下,以院农业经济与农村发展研究所为主要力量,整合院各专业研究所技术力量,开展广东乡村振兴战略规划研究与编制,引领广东现代农业产业体系构建以及美丽乡村建设。

科技创新引领行动。着力开展科技创新及成果转化与推广,努力引领现代农业产业体系构建与发展。

农业产业提质增效科技支撑行动。立足广东特色优势产业,以广东农业专业镇为基础,以构建现代农业产业体系为目标,整合全院技术力量,为特色优势产业提供全产业链技术支撑。

现代农业园区建设科技支撑行动。立足广东各类农业园区建设,着力为园区提供科技和专业技术人才要素支撑。

农业污染防治科技支撑行动。以农业面源污染防治为重点，支撑农村生态环境治理。

科技成果转化与应用行动计划。着力开展科技成果转化与推广，努力提升农业科技进步贡献率。

全产业链科技专家深化服务行动。创新科技人才下乡机制、模式，提升服务成效。

"领头雁"农业产业带头人专业技术培训行动。立足服务乡村振兴人才支撑，重点开展农业产业新型经营主体负责人、新型职业农民和技术人员培训。

对话广东省农业科学院院长陆华忠：
省农科院紧密对接乡村振兴战略　科技支撑乡村振兴开局良好

问：当前，广东省举全省之力推进乡村振兴，广东省农业科学院以科技创新、服务"三农"为使命，请问目前省农科院在科技支撑乡村振兴方面有哪些具体动作？

陆华忠：2018 年，省农科院认真落实新发展理念，紧密对接乡村振兴战略，扎实推进农业供给侧结构性改革，始终把创新驱动发展作为核心战略和总抓手，紧紧围绕全面建设高水平农科院这一目标，持续在农业科技创新、成果转化应用等方面攻坚发力，科技支撑乡村振兴开局良好。

一是着力加强制度供给，深化机制改革。围绕科技支撑乡村振兴的中心使命，以强化制度供给加快推进科技体制机制创新发展：聚焦主业，激励创新；服务产业，支撑发展；抢抓机遇，打造品牌。

二是强化科技主业，激发创新动能。坚持抓好科研项目、科研平台和知识产权管理，科技创新能力不断提升，首次进入 ESI 前 1% 科研院所行列。

三是优化科技服务，支撑产业发展。着力完善科技推广服务体系，把优质科技资源向基层下沉、向薄弱地区倾斜：农业科技服务网络不断完善；专家服务团队不断壮大；农业科技成果转化成效显著；院企合作不断加强；科技下乡活动及时有力。

四是聚焦第一资源，强化人才支撑。加大引才育才力度，共引进博士69人，其中优秀博士21人。国家产业技术体系岗位专家17人、试验站站长7人，省产业技术体系首席10人（占全省一半），岗位科学家44人……

五是加强党的建设，夯实政治保障。从严治党责任落实有力；模范机关创建活动有序推进；干事创业氛围更加浓厚。

问：请您简要介绍一下《广东省农业科学院乡村振兴科技支撑行动计划（2018—2022年）》（以下简称《行动计划》）出台的背景和意义。

陆华忠：当前，广东省正举全省之力实施乡村振兴战略，广东省农业科学院作为广东省农业科技创新的主力军和农业科技支撑产业的省直单位，宗旨就是"科技创新、服务'三农'"，做好乡村振兴科技支撑行动计划义不容辞。

与此同时，省农科院在农业科技创新人才、平台、管理等方面都具备领先水平。也就是说，省农科院有能力也有责任为全省乡村振兴提供强大的科技支撑。

因此，我们很早就在谋划制定这样一个行动计划，全国的乡村振兴战略一出台，我们就正式出台了这个计划。

制定《行动计划》有利于省农科院全面融入广东省乡村振兴战略工作大局，在全省实施乡村振兴战略中贡献科技的力量；另外，通过行动计划的实施，也有利于省农科院自身的发展壮大。

问：省农科院将在哪些方面发力，为广东省的乡村振兴提供更强有力的科技支撑？

陆华忠：我们将抓住把乡村振兴战略摆在优先发展位置的机遇，以加强党建为引领，坚持科技创新、人才培养、产业服务和平台建设四轮驱动，开拓发展动能，创新发展模式，提升发展水平，推进科技创新和支撑产业高质量发展，为乡村振兴提供更强有力的科技支撑。一是要在院所机构改革、实现重大项目和重大成果突破、着力引进和培养拔尖人才、积极融入粤港澳大湾区科技合作、推进人才分类考评和绩效激励机制改革等方面重点发力，不断提高科技创新综合竞争力；二是要适应改革趋势做好学科调整，主攻落实新发展理念的学科和技术；三是要在服务地方、服务产业、实现城乡协调发展中发挥院所优势，通过院企合作、分院建设、农业产业园对接和拓宽成果转化途径等方式带动全省农业产业发展，助力精准扶贫；四是要加强党的领导和党的建设，为农业科技创新提供坚强的政治保障。

（《南方日报》2019年1月2日，原标题：《广东省农科院制定乡村振兴科技支撑行动计划，全面融入广东省乡村振兴战略工作大局》）

400余名农业专家　开展灾后复产指导

　　近期，"龙舟水"持续袭击广东，全省各有关地市不同程度受灾，农业生产受到较为严重的影响。省农科院召开会议专门研究部署灾后复产技术指导工作，动员全院15个院属单位的400多名省农村科技特派员专家与234个省定贫困村对接联系。

　　专家组在考察河源连平、龙川、东源等受灾现场后，针对鹰嘴桃和柑橘排涝、水产养殖水质调控及设施修筑、大型猪场和鸽场灾后养殖关键环节管控、水稻花生蔬菜葡萄等农作物灾后田间管理等提出了系列切实可行、高效实用的解决方案，得到了地方政府和群众的高度认可。

　　专家强调，当前要抓住洪水渐退的有利时机，赶在下一轮雨水到来前抓紧做好各项复产工作。在养殖业方面，专家提出，一是要及时做好死亡畜禽、鱼虾等的无害化处理，防止污染水体和周围环境；二是做好养殖场所消毒、排水工作，加强疫病监测，防止疫病暴发和人畜共患病发生；三是加强饲养管理，规范用药，确保产品质量安全。

　　　　　　　　　　　　　　　　　（《南方日报》2019年6月19日）

全国首发！农村新冠肺炎防控指南来了

　　农村地区是疫情防控的重要组成部分，更是疫情防控的薄弱环节。为了全力做好农村疫情防控工作，防止疫情向农村地区扩散蔓延，广东省农科院和广东省农业农村厅联合部署组织力量，编制了《农村新型冠状病毒肺炎防控指南》，在广大农村地区普及新冠肺炎防控知识，提高农村科学防控水平。该书是全国首册专门针对农村地区新冠肺炎知识科普的书籍。

　　从 1 月 27 日开始，广东省农科院和广东省农业农村厅的十几位专家放弃春节假期，通过线上办公的方式，组织收集材料，经反复讨论修改，于 2 月 4 日完成初稿，2 月 7 日广东科技出版社编辑团队对初稿提出了完善意见，2 月 9 日完成定稿并交付出版社。广东科技出版社集中全社力量迅速完

成编辑加工、图片绘制、排版设计工作,于 2 月 18 日在广东科技出版社微信公众号发布图书免费电子版,纸质版图书预计 2 月 21 日正式发行。

该书围绕农村地区疫情防控常见问题,通过问答形式,分别以疫情常识篇、乡村防疫篇、养殖防疫篇、辟谣纠偏篇、法律法规篇普及宣传新冠状病毒肺炎防控及养殖动物冠状病毒研究进展。该书内容丰富,通俗易懂,实用性强,有助于农民朋友们更加科学、理性地应对疫情,为广大农村地区新冠肺炎疫情防控工作发挥积极作用。

(《人民日报》客户端 2020 年 2 月 19 日)

众志成城战疫情　科技先行助春耕

新冠肺炎疫情发生以来，广东省农业科学院党委（简称院党委）认真学习贯彻习近平总书记重要指示精神和党中央决策部署，坚决落实省委、省政府工作要求，把疫情防控工作作为当前最重要的工作来抓。院党委及院属各级党组织迅速响应，做到守土有责、守土尽责，扎实工作，积极发挥党组织战斗堡垒作用和党员先锋模范作用，为全力抗疫情、保供给提供坚实的组织保障。

为做好农业抗疫情促生产助春耕工作，迅速掌握当前农业生产动态和技术需求，全院党员冲在前、干在前，力保科研攻关和促产稳供"两手抓两不误"。

启动应急科技攻关研究工作。以省农科院动物卫生研究所党员专家为主的专家团队，带头行动，迅速开展动物溯源和防控技术研究；召开新冠肺炎疫情防控科研攻关研讨会，率先启动应急科技攻关专项研究。

不误农时保障春耕生产。院党委牵头制定系列科技助力措施保障广东省"米袋子""菜篮子""果盘子"等农产品生产供应，并带队实地开展农业生产调研指导。制定《关于做好"抗疫情、促生产、保供应"春耕生产技术指导工作的通知》，充分发挥13个地方分院（中心）以及专家工作站等共建示范基地等与基层密切联系的优势，及时开展技术指导。编印涵盖新冠肺炎疫情防控知识科普、禽流感防控、非洲猪瘟防控以及水稻、果树、蔬菜、作物、茶叶、花卉、蚕桑、土肥管理、植物病虫害防控、农产品质量安全、农产品加工等各农业领域系列丛书，供各地农业农村部门、农业企业和农民朋友们"战疫情、促春耕"参考使用。

利用农村科技特派员搭建技术指导服务网。省农科院在册登记科技特派员近450名，其中70%以上为党员。疫情期间，党员科技特派员积极参与农业科技战"疫"，助力保产复产，采取多项措施帮助企业、农户等减轻疫情带来的冲击。院水稻研究所、蔬菜研究所、作物研究所、植物保护研究所、动物科学研究所、动物卫生研究所等多个院属科研单位专家纷纷提供线上线下技术指导服务，为老百姓"米袋子""菜篮子""果盘子"供应工作提供强有力的科技支撑，400多人次专家通过微信、电话、动植物医院远程诊断网络等线上平台为地方政府、企业、贫困村、农民提供600多次技术指导服务。围绕水稻、蔬菜、生猪等大宗农产品生产需要，密切关注春季重大天气变化和禽流感、非洲猪瘟、草地贪夜蛾等动植物疫情变化，加强监测预警，指导各地、各企业开展重大疫病防控工作，推进科学防灾。

把好特殊时期农产品质量安全关。院农产品公共监测中心为农业农村部农产品及加工品质量监督检验测试中心（广州）所在地和广东省首批免费定量检测机构。中心的党员科技人员坚守岗位，以24小时人员轮换不停机的方式保证快速准确出具向湖北等疫情重点地区捐赠的食用农产品检测报告，保证疫区人民吃得安全、吃得放心。同时面向社会公布工作内容和联系信息，积极对接生产需求，提供农产品质量安全检测、农产品及其环境质量安全保障、特色水果无损检测等十项农产品质量安全保障技术服务，为保障特殊时期农产品质量安全提供技术支撑。

一个党组织就是一座堡垒，一名党员就是一面旗帜。广东省农业科学院各级党组织和党员干部以党旗引领聚合力，众志成城战疫情，科技先行助春耕，为打赢疫情防控阻击战提供科技支撑。

（《人民日报》客户端2020年2月27日，原标题：《广东省农业科学院：众志成城战疫情，科技先行助春耕》）

广东省农科院"战疫情、助春耕技术要点"指导书发行

当前正是春耕田管的重要农时，受新冠肺炎疫情影响，各地春耕农事均受到一定影响。如何更有效地为全省春耕提供技术指导，全力做好农村疫情防控和农业春耕生产工作，确保"两手抓、两促进"。继《农村新型冠状病毒肺炎防控指南》一书出版后，近日，广东省农科院再次发行了《战"疫"进行时 科技助春耕——2020 年春耕生产技术要点》。

省农科院有关负责人介绍，为落实广东省委、省政府的工作部署，2020 年 2 月，广东省农业科学院在广东省农业农村厅、科技厅的指导下，迅速安排 13 个地方分院（促进中心）实地了解疫情防控下春耕生产技术需求，组织以省农村科技特派员为主体的科技服务专家团队开展专题研究，委托南方日报出版社出版了《战"疫"进行时 科技助春耕——2020 年春耕生产技术要点》一书，于 2 月 28 日全国发行，供各地农业农村部门、农业企业和农民朋友们"战疫情、保春耕"参考使用。

该书为全国首本集疫情防控与春耕生产于一体的技术指导书籍，内容针对性强、覆盖面广。全书分为畜牧兽医、水稻、蔬菜、旱地作物、果树、经济作物、质量安全与经济发展、农产品加工等 8 个篇章，内容涵盖了新冠肺炎疫情防控知识科普、禽流感防控、非洲猪瘟防控以及水稻、果树、蔬菜、作物、茶叶、花卉、蚕桑、土肥管理、植物病虫害防控、农产品质量安全、农产品加工等各农业领域，将为农业生产提供及时有效的良种良法技术支撑。

众志成城战疫情，科技先行助春耕。省农科院相关负责人表示，作为广东省农业科技创新和服务"三农"的主力军，在特殊时期，省农科院勇担科技重任，通过线上线下技术指导、编印派发针对性科技资料等多种途径积极为疫情防控、春耕生产贡献科技力量。接下来，省农科院将继续联动全省农

业科技服务网络，抢抓农时，加强春耕生产技术指导，为广东省有序开展农业生产、推进乡村振兴战略提供科技支撑。

（《人民日报》客户端2020年3月2日）

从"树下办公"到堡垒巩固
广东省农科院扶贫村变化显著

村委办公楼建了 10 多年都没建起来，村民内部矛盾多，信访问题突出，是当地有名的"上访村"……这是广东省农业科学院 2016 年对接帮扶湛江雷州市企水镇洪排村时面临的窘境。更令人难以理解的是，当地村干部十年都未能转为正式党员，原因竟然是村民们的不理解与阻挠。

众多历史遗留问题使这个靠近湛江北海湾的小乡村发展缓慢，甚至有不少村民不愿回乡，他们表示"很无奈"。

如今，洪排村内平坦干净的路面铺上了水泥，两旁高高竖起了笔直的路灯，树上还挂满了硕大的波罗蜜，晚上广场舞音乐定时响起，村民们翩翩起舞，一派和谐温馨景象……为何以前矛盾突出的村庄现在却能有这番景象？

从"落后村"成"先进村"，民风村貌大变样

记者走进洪排村，看见宽敞的村口大道两旁，树木林立，再往前走便是崭新的党群服务中心办公楼，也是广东省农业科学院在洪排村设立的农技服务站所在地。

"现在的村容村貌变化真的好大，没有了杂草丛生、污水横流，住着舒服多了。"洪排村村支书谢妃芳告诉记者，以前从村口进来，垃圾随处可见，基础设施也不完善，下雨时出去一下就沾一身泥；村民内部矛盾时有发生，村"两委"干部之间的凝聚力也不够，村党支部带领群众发展能力不足，被湛江市委组织部定为"软弱涣散党组织"。

谢妃芳还表示，他是 2017 年开始当选为村支部书记的。当时由于土地纠纷等原因，村里办公楼一直无法建成。

"以前没有办公室，只能在村内小学旁的大榕树下搬凳子办公，公章都没地方放，只能随身带着。"洪排村村委会主任谢妃丑表示。

据了解，以前村民内部不团结，派别分化也较为明显，告状、约架等事件时常发生，甚至还严重影响到村内党建和基础设施改造，企水镇党委领导也常组织多方入村入户，进行调解。

除此之外，党组织队伍发展和建设工作也很困难。"从 2008 年到 2016 年的 8 年里，发展党员对我们来讲是一件很难的事情。"洪排村村委会副主任谢家贤告诉记者，最主要的原因是村内两派别矛盾激化、上访问题突出。

从"树下办公"再到现在党群服务中心办公楼的建成，洪排村在广东省农业科学院的帮扶下，一改以往面貌，重建阵地，村民反映意见、办理日常业务也方便多了。不仅解决了人心散乱的问题，还建起了科普文化大楼、同心同德文化广场等基础设施，变成了如今的模样。

不仅如此，2019 年村党支部还被企水镇党委评为"先进党支部"，成功摘掉"省定贫困村""软弱涣散党组织"的帽子。企水镇委领导干部多次走访调研该村，也表示"进步很大"。这一切更为今后重塑洪排村新格局奠定了基础。

从"软弱涣散"到"先进党建"，基层组织大升级

"以前环境比较恶劣，村风民风不太好，一些村民甚至都不愿回村，这对当时开展脱贫攻坚无疑是一种阻碍。"广东省农业科学院首任驻洪排村第一书记、工作队队长姚文山表示。

据了解，2016 年至今，在广东省农业科学院院长陆华忠统筹下，整合全院力量，派出精锐队伍驻村帮扶，先后自筹资金 600 多万元投入洪排村，实施了人居环境整治、农田水利建设、林下胡须鸡养殖产业扶贫等帮扶项目，改善了民生，增加了村民收入。同时，驻村工作队还与镇党委、村党员干部等组成整顿小组，多次配合调解当地矛盾激烈问题，巩固党建堡垒，全力推进洪排村党建阵地的规范化和标准化建设。

"现在村'两委'班子不像以前了，自己做得正了，村民也会服气，做事更有底气了。经过多年整顿和发展，村民们慢慢都富裕起来了，村容村貌变化很大，这几年外出务工的年轻人过年回来都说村里一年一个样，都快认不出来了，看到村里发展得越来越好大家都很高兴。"广东省农业科学院现任驻洪排村第一书记、工作队队长吴寿迁表示。

据悉，为了推进洪排村党建软弱涣散整顿升级，广东省农业科学院党委书记廖森泰坚持每年到村为党员、群众讲专题党课，并亲自带村"两委"干部到佛山顺德龙江镇万安村参观学习，推动与万安村党委结对共建，还设立省农科院书记项目，支持省农科院作物研究所管理党支部与洪排村党支部结对共建。

同时，广东省农业科学院还指导洪排村党支部开展后备党员培养计划，进一步提高党员干部思想水平和工作能力，着力解决党支部威信不高、化解矛盾能力弱、村民信访多等五大内部问题，打造一支风清气正的干部队伍。村党支部党建水平明显提升，带领村民脱贫致富能力显著增强。

（《南方农村报》2020 年 5 月 24 日）

广东省农业科学院与联合国粮农组织等共同出版
全球首本畜禽领域抗疫指南

近期，由联合国粮农组织（FAO）、广东省农业科学院与美国俄亥俄州立大学共同编写的全球首本畜禽领域抗疫指南——《Guidelines to Mitigate the Impact of the COVID-19 Pandemic on Livestock Production and Animal Health》（以下简称《FAO指南》）在FAO官方网站在线出版（网址：http://www.fao.org/3/ca9177en/CA9177EN.pdf），为世界共同阻击新冠疫情增添了新"利器"。

《FAO指南》是广东省农业科学院在出版《农村新型冠状病毒肺炎防控指南》（以下简称《农村防控指南》）基础上为应对全球疫情蔓延和推进复工复产的又一重要行动，得到广东科技出版社在版权授权方面的大力支持。早在新型冠状病毒肺炎疫情暴发初期，为引导全国广大畜禽养殖户更加科学、理性地应对疫情，为农村地区新冠肺炎疫情防控提供科学指引，广东省农业科学院在短时间内组织专家团队联合广东省农业农村厅、广东科技出版社共同编写了《农村防控指南》一书，并在国内公开出版发行，提供免费下载，先后获20余家主流媒体报道并在互联网大量转载、传播，获得政府、业界的广泛关注和高度赞扬，也得到FAO等国际组织的支持和关注。

"病毒没有国界，疫病不分种族"。在全国境内抗击新冠疫情取得阶段性胜利和全面推进复工复产之际，疫情仍在许多国家和地区继续扩散传播，不可避免地对全球畜禽生产与动物卫生造成严重影响。为秉持"人类命运共同体"理念，推进全球抗疫，广东省农村科技特派员、广东省农业科学院副院长廖明教授应邀带领基因中心魏文康研究员和动卫所翟颀博士参加了《FAO指南》编制工作，其间与FAO官员和相关科学家多次通过互联网远程视频研讨工作方案、分享资料信息，体现专业作用，还创造性地提出将中国在畜禽生产与动物卫生方面应对新冠疫情的案例进行汇编，为国际防疫工作贡献中国经验和智慧。

《FAO指南》系统总结了新型冠状病毒肺炎大流行对畜禽生产和动物疫病防控的影响，分别针对畜禽生产产业链和动物疫病防控的不同环节提出了减轻疫情影响的建议。可为世界各国制定疫情下畜禽生产和动物疫病防控政策提供指引，对指导全球畜禽养殖户、屠宰厂、肉制品加工厂、销售商和兽医专业人员等开展疫情防控和复工复产具有重要作用。据FAO通报，《FAO指南》在线出版以来，已得到多个国家主管部门或业界的赞誉，特别是获得非洲地区广大发展中国家的高度评价，有助于全球各国人民坚定抗疫信心，共同推动全球公共卫生战疫行动取得胜利。

"浩渺行无极，扬帆但信风"。此次主动谋划和积极协调实施抗疫国际合作工作，是贯彻习近平总书记关于疫情防控的重要讲话和重要指示精神，响应二十国集团（G20）农业部长应对新冠肺炎疫情特别会议提出的进一步加强抗疫国际合作的主张，扎实推动农业领域抗疫工作的重要行动。两本指南分别是国内和国外最早出版的针对农村地区新冠疫情防控工作的专业指导书，彰显了广东省农业科学院农村科技特派员落实广东省委、省政府积极参与科技抗疫行动和国际抗疫合作工作部署的责任担当和奉献。

（2020年6月8日学习强国）

四年坚守扶贫路　洪排村实现蝶变

曾经的"贫困村"，如今成"小康村"；曾经的"问题村"，如今是"文明村"；原本软弱涣散的"难管村"，现在成为基层党建"先进村"……

这是湛江雷州市企水镇洪排村，2016 年被确定为省定相对贫困村以来，省农科院通过采取强化党建引领，发展特色产业夯实"长效脱贫"基础，以文化建设激发脱贫内生动力，用靓丽乡村展示脱贫攻坚成果等一系列举措，帮助雷州半岛西海岸边的这个小村落实现蝶变。

"头雁工程"建强支部筑牢战斗堡垒促发展

过去洪排村曾连续多年被评为"后进村"，在 2018 年还被定为"软弱涣散党组织"。省农科院针对洪排村党支部组织涣散等顽疾，对症下药，按照"融入扶贫抓党建、抓好党建促脱贫"理念，研究制定了《洪排村开展整顿软弱涣散村党支部的实施方案》，确定了以建强村党支部引领村发展的脱贫总思路。该院党委成员深入到村调研指导推进各项工作，逐户走访、深谈细问，与贫困户一起算"脱贫账"、谋发展计，合力"拔穷根"。

为了提升村"两委"班子凝聚力战斗力，省农科院扎实推进"头雁工程"，选派有丰富党群工作经验的副处级干部担任村党支部第一书记兼驻村工作队长，开展村党支部整顿工作，以选好配强班子队伍为目标，密切配合企水镇党委"大刀阔斧"狠抓村"两委"班子换届工作，成功打造出一支困难面前敢抬头、难题面前敢应战的党支部队伍。

为了提升村"两委"班子带领群众脱贫致富的能力和信心，省农科院开展"大学习大帮扶"计划。省农科院党委书记廖森泰每年进村讲专题党课，部署脱贫攻坚各项具体工作，并带领村"两委"干部到佛山顺德万安村参观学习，与万安村党支部建立结对帮扶关系；设立省农科院书记项目，院作物所管理党支部与洪排村党支部结对共建，通过学习借鉴先进地区发展经验，全面提升村党支部带领村民脱贫致富能力和信心，有效激发村党组织发展内生动力。

为了高质、高效解决发展问题，助力脱贫攻坚战，省农科院携手企水镇党委、洪排村党支部集中力量，全面梳理矛盾，制订任务分解表，通过召开专题党课、矛盾双方协调会、班子研判会、普法专题讲座等方式，逐个破题、逐个解决。

通过省农科院党委、企水镇党委、驻洪排村工作队和广大村民的共同努力，2019年7月，洪排村党支部被雷州市企水镇党委评为"先进党支部"，为该村首次获得先进党支部，3名党员被评为镇"优秀共产党员"，并于2019年年底先后通过了雷州市委组织部、湛江市委组织部对"软弱涣散党组织"整顿成效考核，成功摘掉了"软弱涣散党组织"的帽子。

产业扶贫"唱主角" 脱贫出列"加速跑"

发展产业是实现脱贫的根本之策。省农科院通过统筹谋划，发挥科技优势，整合全院力量，确立了因地制宜兴产业、科技扶贫促增收的脱贫理念，指导铺就脱贫致富路径。

针对洪排村自然资源薄弱的实际，省农科院提出"合作社＋科技＋企业"的产业帮扶理念，指导成立洪排种养农民专业合作社，安排省农科院自筹资金120多万元，实施林下优质鸡养殖、特色作物种植等12个项目，与贫困户结成利益共同体，建立利润分红机制，为稳定脱贫奠定产业基础，把脱贫成果"定"在产业链上。设立省农科院专家工作室，提供"保姆式"科技服务，累计派出专家500多人次进村指导，带出了一批"土专家"。引进穗美科技、农香一品等企业与合作社签订购销合同，从根本上解决销售难问题。以林下优质鸡养殖项目为例，选用纯种胡须鸡鸡苗，安排科技人员蹲点指导，采用无抗饲料与谷物相结合、林下走地健身饲养方式，养殖的林下鸡品质好、价格高，供不应求，近3年累计向贫困户分红61万元，真正实现"输血式扶贫"向"造血式扶贫"转变。

　　针对少数贫困群众仍然存在"等靠要"思想观念等问题，2017年年底，省农科院在洪排村推动建立了"雷州市志武家庭农场"，为农场提供全程免费科技服务，大力发展青枣、香蕉、蔬菜种植，农场每年收入稳定在13万元以上。通过示范带动，不少贫困户主动向工作队提出要发展庭院养鸡等项目。3年多来，驻村工作队投入资金46万元，发放优质鸡苗约1.8万羽，安排专家技术指导，人禽分开、科学饲养，帮助62户贫困户累计直接获得经济收益70多万元，贫困户自我发展意识和能力也得到明显增强。

　　省农科院按照"一户一策"帮扶理念，实行"开小灶"，量身定制脱贫"套餐"。在就业、生产、创业等方面与村民共研政策、齐拓思路，全面拓宽贫困户增收渠道，为洪排村全面铺平政策致富之路。根据43户有劳动力贫困户意愿，投入财政资金110多万元，购买黄牛、三轮车、渔具等一批生产工具，确保每个有劳动力的贫困户家庭至少有一个增收项目。按照投资带动脱贫的政策理念，安排190多万元财政资金入股广东能生公司等3家优质企业，有劳动力贫困户人均获得投资分红收益1 107.9元。

"省农科院给我们的帮扶是实实在在的，看得见、摸得着，村民们对我们的工作更支持了，发展产业大家都有钱了，村里的氛围真的好了很多。"洪排村党支部书记谢妃芳感叹道。

打造文化阵地 靓丽乡村展示脱贫攻坚成果

省农科院确立了以建设和谐美丽洪排为主题、筑牢阵地凝聚民心促振兴的脱贫战略，提出了建好文化场所、基础设施"两个阵地"规划，跑好从脱贫攻坚到乡村振兴的"接力赛"。该院自筹资金500多万元，实施了一批民生工程，解决困扰多年的生产生活问题30多个，群众生活条件全面改善。

建好文化场所，筑牢精神文明阵地，把精神文明建设和脱贫攻坚有机结合起来，新建文化场所，丰富村民精神生活。先后建成了村党群服务中心、农技服务站，实现村"两委"办公、农技培训、业务办理有了固定场所，结束了村委会"树下办公"的历史。建设了科普文化楼、同心同德文化广场、

科普文化长廊、新篮球场，兼具健身、观赏、散步、跳广场舞多种功能，为村民群众文化娱乐增添了好去处。进行农田水闸改造、垃圾收集站、村卫生站等村基础设施建设，推进人居环境整治，村容村貌发生了翻天覆地的变化。翻修了村小学大门、改建围墙、新建厕所、安装操场灯光，捐赠一批原值近20万元的教学设备，全面改善学校软硬件条件，每年表彰奖励新考入高校的学生，树立起崇学尚学的良好风气。

省农科院通过精心设计、全面协调、全力推进整村饮水工程，实现了家家户户通安全饮用水，结束了村没有自来水的历史。完成危房改造，确保了家家户户有安全住房。推进道路升级改造工程，村口和入村主干道全面拓宽并完成水泥硬底化，建设路灯80盏，并在村口设立"洪排村"交通标识牌，极大地方便了村民出行。通过实施系列民生工程，村集体工作得到群众的一致好评和大力支持，外出村民和乡贤经常回村，有效提升了群众获得感、幸福感、安全感。

四年来，省农科院通过党建引领头雁"领航"，产业发展与扶志、扶智相结合，注重对农村基础设施与文化设施的帮扶，洪排村党支部战斗力显著增强，村民脱贫致富内生动力全面激发，曾经的"贫困村"转变成如今的"小康村"，"问题村"蝶变为"文明村"，原本软弱涣散的"难管村"成长为基层党建"先进村"，完成"软弱涣散党组织"摘帽和"相对贫困村"的脱贫。

（2020年6月30日《南方日报》原标题：《广东省农科院：四年坚守扶贫路 洪排村实现蝶变》）

让党旗高高飘扬在战疫助春耕一线

习近平总书记在统筹推进新冠肺炎疫情防控和经济社会发展工作部署会议上指出，要不失时机抓好春季农业生产，抓紧解决影响春耕备耕的突出问题。院各级党组织和党员干部深入贯彻落实习近平总书记关于春季农业生产、做好"三农"工作的重要指示精神，牢固树立政治机关意识，坚决服从党中央决策部署，把疫情防控和助力春耕作为当前最重要的工作来抓，积极发挥党组织战斗堡垒作用和党员先锋模范作用，让每一名党员成为一面鲜红的旗帜，让每一个党支部成为党旗高高飘扬的战斗堡垒，把"抗疫情、促生产、保供应"落地落实落出成效。

一、提高政治站位，全面部署战疫情、助春耕工作

院党委从增强"四个意识"、坚定"四个自信"、做到"两个维护"的政治高度，切实把思想和行动统一到党中央决策部署、省委省政府工作要求上来，第一时间吹响"集结号"，统筹全院疫情防控和科技助力春耕工作。1月23日院党委启动省农科院突发事件应急预案，成立由院党委书记、院长为组长的疫情防控领导小组，连续召开疫情防控领导小组工作会议，贯彻落实习近平总书记关于疫情防控工作的重要讲话和重要指示精神以及省委有关会议精神、省委关于保障农产品供给工作要求，分析研判形势，迅速组织制定《广东省农业科学院新型冠状病毒感染肺炎疫情防控工作方案》、《广东省农业科学院防控新型冠状病毒感染肺炎疫情指引》、《关于做好"抗疫情、促生产、保供应"春耕生产技术指导工作的通知》等文件，落细落实统筹安排疫情防控和科技助力春耕工作。

二、发挥组织优势，构筑群防群治防线

在院疫情防控领导小组统一指挥下，院属各级党组织强化政治担当，充

分发挥基层党组织的战斗堡垒作用，迅速落实院党委工作部署，及时采取行动，确保院内疫情防控到位。院属党组织落实第一责任人职责，党员领导干部发挥"头雁"效应，带头结束假期，提前返岗组织疫情防控工作；院科技服务部门党支部第一时间整合院疫情防控物资，科学合理向各单位（部门）分发派运；院党群办党支部迅速按上级要求划拨党费、工会经费用于支持各单位（部门）疫情防控。院属单位党组织按照"外防输入、内防传播"和"早发现、早报告、早隔离、早诊断、早治疗"要求，根据属地原则全面组织排查人员流向，确保最大限度阻断疫情传播渠道。各单位（部门）严格执行"一日一报"制度，实行动态管理，建立院人员流动情况及健康状况工作台账；对院本部和院属区域实行辖区封闭式管理，严控外来人员、车辆进入；制定院职工食堂疫期用餐方案，确保职工安全取餐用餐；紧密与所在街道社区沟通联动，按照社区指引落实人员监管、就医、隔离等措施，构筑群防群治防线。

三、发挥科技优势，精准助力疫情防控

院属科研单位党组织发挥党员专家的专业优势，主动担当作为，积极开展疫情防控技术科技攻关与技术服务，为农村和疫情严重地区疫情防控贡献力量。例如，院动物卫生研究所迅速召开新冠肺炎疫情防控科技攻关研讨会，启动应急科技攻关专项研究，运用重大动物疫病防控方面的经验，开展野生动物、特种经济动物重要疫病的本底调查、排查和防控技术研究，同时紧急研发防疫产品和技术，在全国首发《农村新型冠状病毒肺炎防控指南》，为农村疫情防控提供技术支撑。院农产品公共监测中心党员带头，以24小时人员轮换不停机的方式免费对疫情重点地区捐赠食用农产品进行质量安全检测，通过技术优势助力疫情严重地区抗疫战斗。

四、科技力量下沉，全方位服务春耕复产一线

院党委领导靠前指挥，亲自带队到韶关、佛山、江门、增城等地，开展春耕复产科技需求调研。院各级党组织扛起责任，组织党员冲在前、干在前，迅速掌握疫情期间农业生产和春耕技术需求，多措并举，精准发力，全

方位科技支撑广东省"米袋子""菜篮子""果盘子"等农产品生产供应。

一是迅速组织编印出版了全国首本抗疫情、保春耕技术指导用书《战疫进行时 科技助春耕——2020年春耕生产技术要点》，内容涵盖新冠肺炎疫情防控知识科普、禽流感防控、非洲猪瘟防控以及水稻、果树、蔬菜、作物、茶叶、花卉、蚕桑、土肥管理、植物病虫害防控、农产品质量安全、农产品加工等各农业领域，供基层农业管理部门、农业企业和农民朋友们"战疫情、促春耕"使用。

二是积极开展"战疫情走在前、促发展作表率"主题党建活动，守初心、担使命、不退缩、敢亮剑，让党旗高高飘扬在抗疫复产一线。例如，院果树研究所科技第五党支部，为赶农时，冒雨到乐昌市坪石镇陈家坪村，举办培训班、现场解惑，及时传授果树栽培管理技术，为当地果农提供优质果苗；院植物保护研究所党总支组织基层党支部，分15批40人次党员奔赴佛山、雷州、惠州、河源等地进行病虫草鼠防控新技术示范，发放病虫害防治药剂和春耕生产技术指导资料，帮助春耕复产；院蚕业与农产品加工党总支下属各党支部分赴清远、河源、东源粮食加工产业、蔬菜产业园实施主体、

省农业科学院果树研究所科技第五党支部到乐昌市坪石镇陈家坪村

开展春季果树栽培技术培训

生态农场等调研复工复产情况，对农业企业生产工艺升级改造、产品加工技术改进做具体指导，助力企业复产提效益；院农产品公共监测中心党支部赴潮州市农检中心和茶叶生产企业，了解疫情期间茶叶生产、销售以及农产品质量安全存在的困难和需求，帮助企业提升品牌附加值，保质保量复产。

三是充分发挥党员科技特派员先锋模范作用，搭建技术指导服务网，线上线下全天候科技助力春耕复产。

线上，近400多人次科技特派员专家通过微信、电话、动植物医院远程诊断网络等平台为地方政府农业部门、企业、贫困村、农民提供600多次技术指导服务。例如，院水稻研究所科技特派员专家利用5G互联网远程视频技术，采用广州会场、海丰会场、稻田拍摄现场三地视频会议形式，对海丰县40万亩水稻春耕情况进行远程诊断和技术把脉；院蔬菜研究所科技特派员利用承担的蔬菜生产信息监测预警项目，通过微信等网上载体，集结省现代农业产业技术体系创新团队技术和信息等各方资源，牵线搭桥，有效解决徐闻几十吨蔬菜产销所面临的问题，帮助农户解愁分忧；院作物研究所科技特派员与梅州市蕉岭县、韶关市乳源县等地烟站、烟农建立微信平台联系，

省农业科学院动物卫生研究所科技特派员利用动物疫病远程诊疗平台，
为江门、阳江、揭西、汕头等7家养殖企业进行技术服务

先后 8 次开展技术指导，受到烟农和地方主管部门高度认可；院动物卫生研究所科技特派员利用动物疫病远程诊疗平台，与江门、阳江、揭西、汕头等 7 家养殖企业技术人员进行连线视频，了解养殖基层企业生产、防疫情况，提出具体技术建议。

线下，组织 60 批近 200 人次农村科技特派员奔赴全省农业农企生产一线，指导春耕复产。例如，院蔬菜研究所科技特派员前往梅州、阳山等地，为种植户送去蔬菜和甜玉米种子，深入田间指导番茄、茄子、苦瓜等作物的整枝和栽培；院动物科学研究所科技特派员到清远市桂花鱼产业园开展技术服务工作，对企业目前存在的技术问题逐个排查，提出相应的解决方案；院资源环境研究所科技特派员赴河源面对农企、农户"土地适合种什么农作物"等实际问题，现场解答，提供建议，获得当地农企、农户一致好评。

省农业科学院科技特派员现场开展柑橘化肥农药减施增效栽培
技术与病虫害防治技术培训

（《跨越》2020 年第 7 期）

论文写在大地上，农科使命的"践行者"（摘编）

广东省农业科学院历来高度重视院地、院企合作，强化农业科技支撑作用，推进科技资源向农业特色产业集聚。本月初，广东省农科院院长陆华忠率队到东源县参观考察农业企业和生产基地，省农科院与东源县政府签订《战略合作框架协议》，双方共建广东省首个县级农业发展促进中心，全方位支撑东源农业发展。

——2017 年 6 月 8 日《南方农村报》

平台搭起来，人才沉下去，项目带下去，农民富起来，产业旺起来……近年来，省农科院充分发挥农业科技创新主力军的作用，当好农业科技"火车头"，创新"共建平台、下沉人才、协同创新、全链服务"院地合作模式，携手地方政府不断地探索和创新，引领全省科技强农创新浪潮。

——2020 年 8 月 6 日南方＋

自 2016 年广东省农业科学院湛江分院在湛江市落地以来，在湛江市委市政府和省农科院党委的坚强领导和大力支持下，湛江与省农科院建立了全方位、深层次、宽领域的科技战略合作关系。

立足各自优势，通过"共建平台、下沉人才、协同创新、全链服务"院地合作模式，借助省农科院的技术和人才等方面资源，为湛江市农业科研、项目建设、人才培养、成果转化提供一个更高更好的平台，有力推动了湛江市特色现代农业发展，取得了系列卓越的农业发展成就。

——2020 年 8 月 5 日凤凰网

省农科院坚持"共建平台，下沉人才，协同创新，全链服务"的院地合作模式，围绕肇庆现代农业发展"611"工程，在服务农业经营主体、现代农业产业园、农业科技示范基地、农技人才培训等方面发挥优势作用。肇庆分院秉承科技创新服务产业的理念，全力助推肇庆现代农业的高质量发展和乡村产业振兴，赢得了肇庆市人民政府以及农业主管部门的高度赞评。

——2020 年 7 月 31 日南方+

2019 年 9 月，德庆县总工会授予广东省农业科学院科技特派员黄永敬研究员"黄永敬工匠创新人才工作室"，工作室成立当日，扎根德庆一年半的柑橘专家黄永敬露出了淳朴的笑容，"工作室是对我个人的肯定，更是对我们省农科院院地合作成效的肯定，作为农村科技特派员，我将一如既往扎根基层，将论文写在广东大地上"。

2017 年 7 月，德庆县人民政府与广东省农科院合作，共建广东首个省级院校与县级合作的新型院地研发机构——广东省农科院德庆柑橘研究所。研究所立足德庆，面向广东，重点开展贡柑为主的柑橘新品种引进与选育、病虫害综合防控技术、绿色安全栽培新技术、果品采后商品化处理技术、贮运保鲜和加工新技术研发与推广，研究解决德庆县柑橘产业发展中的关键和共性问题，提高柑橘产业化整体水平和可持续发展能力。

——2020 年 8 月 7 日《南方农村报》

近年来，我市与省农科院创新探索"共建平台、下沉人才、协同创新、全链服务"合作模式，通过共建地方分院平台、产业服务平台、科技服务平台，派出全产业链专家服务团、农村科技特派员以及带培本土专家等方式，推动高素质人才下沉地方，并以科技特派团为纽带，建设示范基地，落户良种良法，推进品牌培育，为乡村产业振兴注入新动能。

——2020 年 8 月 5 日《梅州日报》

两年多的服务时间里，省农科院清远分院拿出了一份厚厚的"成绩单"，推动英德红茶检测服务中心建设，指导连南稻鱼茶产业园生产的红绿茶首次获得"粤茶杯"广东省第十三届茶叶质量推选活动的银奖和优胜奖，建立连南大叶茶优良株系繁育苗圃，为连南大叶茶产业的发展提供了种苗基础；开展连州菜心地方特色品种资源收集，形成 1 个菜心优质新品种，联合举办连州菜心产业园专家聘任仪式暨技术培训活动……

对于清远来说，依托省农科院可以获得最新的农业科技支持。对于省农科院的科研专家来说同样获利颇丰，得益于一线实践所获得的经验与数据，进一步充实了自己的科研成果，真正实现了习近平总书记所要求的"把论文写在大地上"。

——2020年8月4日《清远日报》

科技创新是支撑传统农业转型升级的重要力量，同时也是推动现代农业产业园建设的助动剂。在东源县板栗产业园的建设过程中，省农科院专家从规划咨询、品种选育、栽培管理、病虫害防治、加工物流以及品牌建设、营销推广等方面提供了全产业链服务，为东源板栗"赋能"。

——2020年8月2日河源广播电视台报道

一座座现代化的蔬菜种植大棚，充分展现了现代农业科技的发展魅力；与时俱进的柑橘病虫害精准防控技术，让农户切身体验无人机防控等高科技手段；专业又接地气的农业技术服务指导，让农户的种植思路豁然开朗……近年来，韶关市大力发展现代农业，全面提升农业发展现代化水平，为农民增收致富增添新动能。这很大程度上得益于省农科院探索"共建平台、下沉人才、协同创新"的院地合作模式，与韶关市合作共建科技平台，为韶关市打造了一个乡村振兴的农业科技发展新引擎，助推韶关市乡村振兴。

——2020年7月31日《广州日报》

清沁绿农拟投入9亿元打造现代化产业园区，该项目拥有近3 000亩澳洲坚果种植基地。根据协议，双方将整合资源优势，进行产学研合作，共建"广东农业科学院产学研示范基地"，协同创新，研制自主知识产权和创新产品；省农科院对产业链进行总体设计和技术支持。

——2020年8月7日《江门日报》

依托惠州市农业农村综合服务中心挂牌成立广东省农业科学院惠州现代农业促进中心。近年来，围绕该市农业发展、人才培养需求开展乡村振兴、现代农业产业园建设、"一村一品、一镇一业"等科技对接工作，该中心紧密联系农业部门和企业，通过开展各类专项合作，开启了院地合作新模式。

——2020年8月7日惠州头条

由佛山市人民政府设立，与广东省农业科学院农业科技合作的专项资金，旨在解决佛山农业产业共性关键技术难题。自开展以来，11个科技项目组和10个农业科技服务团队在水产养殖、花卉生产、本土种质资源收集、农村水环境治理等方面遍地开花。

其中"基塘农业研究中心"的建立为佛山基塘农业价值的挖掘、新时代下基塘农业的发展，提供了强有力的科技支持，助力"广东佛山基塘农业系统"入选"第五批中国重要农业文化遗产"。

——2020 年 8 月 1 日佛山农业农村发布

今年受疫情影响，我市农村春耕春播工作遇到了前所未有的阻力。为了打好疫情防控和复工复产战役，我市下发了多份指导性文件，督促各地开展农业种植工作。

广东省农科院肇庆分院的部分专家闻讯后，主动申请下沉田间地头，面对面指导农民和专业种植合作社开展以水稻为重点的春耕生产和以蔬菜为重点的农作物生产技术指导服务，推广良种良法，推进种植业类项目建设，指导产业结构调整，收集农业生产遇到的实际困难和突出问题，帮助解决具体的生产技术性问题。

——2020 年 8 月 8 日《西江日报》

近年来，省农科院通过共建地方分院平台、产业服务平台、科技服务平台，以全产业链专家服务团、农村科技特派员、带培本土专家等方式，推动高素质人才下沉地方，与地方联动打造了一支"政府信得过、企业用得上、农民离不开"的科技队伍，基层农业科技力量不断壮大。

——2020 年 8 月 6 日南方＋

在全省乡村振兴工作考核中，江门市连续两年位列粤西片区第一名。取得这样的成绩，离不开省农科院的"智力支持"。自 2016 年我市与省农科院签订《战略合作框架协议》以来，双方重点围绕江门特色农业、农产品加工流通业的发展进行深度对接，探索出院地合作的新模式。

合作开展以来，江门与省农科院共同成立了广东省农业科学院江门现代农业促进中心，紧紧围绕乡村振兴和创新驱动发展两大战略，积极开展农业科技创新和成果转化，以发展我市陈皮产业链为抓手，广泛组织科技特派员深入基层。

——2020 年 8 月 7 日江门农业农村报道

佛山市农业科学研究所（广东省农科院佛山分院）充分整合广东省农业科学院的科技技术力量，通过建立佛山分院理事会、执行委员会等一系列机构制度创新，实现佛山市农科所和省农科院佛山分院一体化运行，搭建合作平台，加强双方的科技人员交流，整合佛山农科所科技人员的实践经验和省农科院科技人员的理论知识，带动佛山市农科所科技人员的科技创新服务能力提升，使得佛山市农科所综合实力得到极大的提升，实现了国家级科技项目零的突破、国家现代农业科技示范展示基地和省级工程技术研究中心零的突破、农业农村部丰收二等奖零的突破、全国农业农村系统先进集体奖零的突破、中国重要农业文化遗产零的突破等"五个突破"，有效提升佛山农业科技创新水平。

——2020 年 8 月 1 日《佛山日报》

一封封感谢信交出院地合作"最美答卷"

每一封感谢信背后都有一段农业从业者翘首的期盼,每一封感谢信都诉说着农业科研者"一懂两爱"的农业情怀。仅疫情期间,广东省农科院就收到了31封真挚的感谢信。

政府、村委会、企业、合作社、农民的感谢信纷至沓来

来自政府的感谢信

感谢信

广东省农业科学院农产品公共监测中心：

　　春回大地，春耕正忙，但是一场突如其来的疫情完全打乱了部分贫困户的春种计划，种子、农资等生产资料缺乏，价格上涨。春种是否顺利，将对脱贫攻坚产生一定的影响。

　　贵中心想贫困户之所想、急贫困户之所急，贵中心的科技特派员项目，不但到场技术指导，还根据疫情影响的具体情况，解决了我镇 4 个省定贫困村贫困户种植果蔬的难题。经过联系协调、宣传发动，高道村 49 户、赤米村 31 户、花田村 47 户、鲜水村 24 户有劳动能力贫困户拿到了贵中心"抗疫保耕，科技助农"所支持的种子 280 包，使贫困户的春耕春种顺利进行。

　　在此，对贵中心的大力支持表示衷心的感谢！

英德西牛镇人民政府
2020 年 2 月 28 日

感谢信

广东省农业科学院农产品公共监测中心：

　　2020 年的春天，一场突如其来的新冠肺炎疫情打乱了一些农业种植户的春耕计划，疫情的进一步蔓延，一定程度影响着种子、农资等生产资料的采购流通渠道，对农业春耕的正常开展造成一定影响。

　　贵中心想贫困户之所想、急贫困户之所急，提前谋划，积极行动，在中心农村科技团队与县镇村联系沟通基础上，做好技术支撑和物资帮扶工作。并根据疫情影响的实际情况，解决了东源县船塘镇、双江镇和漳溪畲族乡 3 个乡镇 8 个贫困村贫困户种植水稻和花生的困扰，共赠送水稻种子 500 多斤*，花生种子 300 多斤。同时，针对贫困户农业技术薄弱问题，还推送《"战疫情，助春耕"春耕生产技术资料汇编》资料，并线上提供农业栽培技术和咨询服务，帮扶 8 个贫困村 100 多户贫困户紧抓农时，有效地帮助开展春耕春种。

　　贵中心的一系列助耕暖心行动，很好地发挥了农业科技机构的服务"三农"意识和大爱无疆精神。在此，对贵中心一直以来关心和支持东源农业表示衷心的感谢和崇高的敬意！

东源县农业农村局
2020 年 2 月 28 日

东源县农业农村局

感谢信

广东省农业科学院农产品公共监测中心：

　　2020 年的春天，一场突如其来的新冠肺炎疫情打乱了一些农业种植户的春耕计划，疫情的进一步蔓延，一定程度影响着种子、农资等生产资料的采购流通渠道，对农业春耕的正常开展造成一定影响。

　　贵中心想贫困户之所想、急贫困户之所急，提前谋划，积极行动，在中心农村科技团队与县镇村联系沟通基础上，做好技术支撑和物资帮扶工作。并根据疫情影响的实际情况，解决了东源县船塘镇、双江镇和漳溪畲族乡 3 个乡镇 8 个贫困村贫困户种植水稻和花生的困扰，共赠送水稻种子 500 多斤，花生种子 300 多斤。同时，针对贫困户农业技术薄弱问题，还推送《"战疫情，助春耕"春耕生产技术资料汇编》资料，并线上提供农业栽培技术和咨询服务，帮扶 8 个贫困村 100 多户贫困户紧抓农时，有效地帮助开展春耕春种。

　　贵中心的一系列助耕暖心行动，很好地发挥了农业科技机构的服务"三农"意识和大爱无疆精神。在此，对贵中心一直以来关心和支持东源农业表示衷心的感谢和崇高的敬意！

---

*1 斤＝500 克。

来自村委会的感谢信

感谢信

广东省农业科学院动物科学研究所：

　　贵单位高开国农村科技特派员专家团队于2019—2020年到我村开展农业科技特派员精准扶贫乡村振兴支撑项目《高效养殖技术服务美丽乡村》的工作，给我村村民进行养殖技术培训，并发放一批技术资料和鸡饲料等物资，为改变我村村民养殖观念，促进贫困户脱贫致富，做出了一定贡献，特此感谢！同时，望贵单位今后继续全方位支持我村的养殖业。

郁南县通门镇顺塘村民委员会

2020 年 2 月 28 日

感谢信

广东省农业科学院动物科学研究所：

　　贵单位高开国农村科技特派员专家团队于2019-2020年到我村开展农业科技特派员精准扶贫乡村振兴支撑项目《高效养殖技术服务美丽乡村》的工作，给我村村民进行养殖技术培训，并发放一批技术资料和鸡饲料等物资，为改变我村村民养殖观念，促进贫困户脱贫致富，做出了一定贡献，特此感谢！同时，望贵单位今后继续全方位支持我村的养殖业。

郁南县通门镇顺塘村民委员会
2020 年 02 月 28 日

感 谢 信

广东省农业科学院茶叶研究所：

　　在今年新冠疫情严峻的情况下，我村的茶叶及肉鸡受到疫情的影响无法及时售出，贵单位凌彩金科技特派员及其团队成员联系我们借助南方农村报等宣传，及时解决我村农产品销售问题。同时派发了《战"疫"进行时　科技助春耕》的电子资料，就春茶生产技术方面提供了具体的生产指导。

　　在此我谨代表我们村对你们的帮助和指导表示衷心的感谢！

　　此致

敬礼

紫金县龙窝镇礼坑村村民委员会

2020 年 2 月 28 日

感谢信

广东省农业科学院茶叶研究所：

　　在今年新冠疫情严峻的情况下，我村的茶叶及肉鸡受到疫情的影响无法及时售出，贵单位凌彩金科技特派员及其团队成员联系我们借助南方农村报等宣传，及时解决我村农产品销售问题。同时派发了《战"疫"进行时　科技助春耕》的电子资料，就春茶生产技术方面提供了具体的生产指导。

　　在此我谨代表我们村对你们的帮助和指导表示衷心的感谢！

　　此致

敬礼

紫金县龙窝镇礼坑村村民委员会

2020 年 2 月 28 日

来自企业的感谢信

感谢信

广东省农业科学院江门促进中心：

您好！自新型冠状病毒感染的肺炎疫情发生以来，在农产品生产加工企业普遍面临人手短缺、销售渠道不畅等困境之际，贵中心及时向我公司伸出援手，委派农业科技特派员到我公司进行农业生产加工技术指导，并向我公司提供相关农业科技服务，与我公司守望相助、共克时艰。目前，我公司番石榴长势良好，供给有保障。在此，我公司全体员工向贵中心表示衷心感谢！贵中心不仅帮助我公司有效缓解了当前的燃眉之急，也为我公司在疫情期间发展生产、稳定番石榴市场供应注入了坚定的信心。

我们坚信，在以习近平同志为核心的党中央的坚强领导下，认真落实中央、省委省政府和市委市政府的工作部署，我们大家团结起来，万众一心，努力保障疫情期间"菜篮子""米袋子""果盘子"供应，共同抗击疫情，取得最后胜利！

此致

敬礼！

开平市全果系农业科技发展公司

2020 年 2 月 28 日

感谢信

广东省农业科学院江门促进中心：

您好！自新型冠状病毒感染的肺炎疫情发生以来，在农产品生产加工企业普遍面临人手短缺、销售渠道不畅等困境之际，贵中心及时向我公司伸出援手，委派农业科技特派员到我公司进行农业生产加工技术指导，并向我公司提供相关农业科技服务，与我公司守望相助、共克时艰。目前，我公司番石榴长势良好，供给有保障。在此，我公司全体员工向贵中心表示衷心感谢！贵中心不仅帮助我公司有效缓解了当前的燃眉之急，也为我公司在疫情期间发展生产、稳定番石榴市场供应注入了坚定的信心。

我们坚信，在以习近平同志为核心的党中央的坚强领导下，认真落实中央、省委省政府和市委市政府的工作部署，我们大家团结起来，万众一心，努力保障疫情期间"菜篮子""米袋子""果盘子"供应，共同抗击疫情，取得最后胜利！

此致

敬礼！

开平市全果系农业科技发展公司

2020 年 2 月 28 日

感谢信

广东省农业科学院：

虔谢贵单位在新冠肺炎疫情期间心系农业抗疫情，编印了"战疫进行时、科技助春耕"生产技术要点以及新冠肺炎疫情防控知识科普、茶叶、土肥管理、植物病虫害防控、农产品质量安全、农产品加工等领域技术手册，供我公司"战疫情、促春耕"期间使用。并得到贵单位省农村科技特派员专家团队通过"互联网+"模式提供的技术指导服务，专家团队主动与我公司联系，关心疫情期间春耕生产情况，指导我公司如何在疫情期间备耕生产，保障了我公司在疫情期间有序地开展各项农事工作，极大地减轻了疫情给我公司带来的冲击。

在此，谨向你们表示衷心的感谢和崇高的敬意！

广东苏记祥实业有限公司

2020 年 2 月 25 日

感谢信

广东省农业科学院：

感谢贵单位在新冠肺炎疫情期间心系农业抗疫情，编印了"战疫进行时、科技助春耕"生产技术要点以及新冠肺炎疫情防控知识科普、茶叶、土肥管理、植物病虫害防控、农产品质量安全、农产品加工等领域技术手册，供我公司"战疫情、促春耕"期间使用。并得到贵单位省农村科技特派员专家团队通过"互联网+"模式提供的技术指导服务，专家团队主动与我公司联系关心疫情期间春耕生产情况，指导我公司如何在疫情期间备耕生产，保障了我公司在疫情期间有序地开展各项农事工作，极大地减轻了疫情给我公司带来的冲击。

在此，谨向你们表示衷心的感谢和崇高的敬意！

广东苏记祥实业有限公司

2020 年 2 月 25 日

来自合作社的感谢信

感谢信

广东省农业科学院茶叶研究所：

今年新冠疫情情况严峻复杂，防范管控疫情措施不断加强，一定程度上影响了春茶的生产。贵单位及时派出茶叶科研人员了解我司茶叶生产的技术需求，并就茶叶栽培、生产管理方面提出了技术建议，解决我公司春茶生产中遇到的问题。同时派发了《战"疫"进行时科技助春耕》的电子资料，就春茶生产技术方面提供了具体的生产指导。

在此，我谨代表公司对你们的帮助和指导表示衷心感谢！

此致

敬礼

东源县新伟茶叶种植专业合作社

2020 年 2 月 28 日

感 谢 信

广东省农业科学院茶叶研究所：

今年新冠疫情情况严峻复杂，防范管控疫情措施不断加强，一定程度上影响了春茶的生产。贵单位及时派出茶叶科研人员了解我司茶叶生产的技术需求，并就茶叶栽培、生产、管理方面提出了技术建议，解决我公司春茶生产中遇到的问题。同时派发了《战"疫"进行时 科技助春耕》的电子资料，就春茶生产技术方面提供了具体的生产指导。

在此，我谨代表公司对你们的帮助和指导表示衷心感谢！

此致

敬礼

东源县新伟茶叶种植专业合作社

2020 年 2 月 28 日

龙川县鑫炬种养合作社

感谢信

广东省农业科学院动物科学研究所：

各位专家，您们好！尽管新冠肺炎的形势依然严峻，但在这个艰难时刻，来自贵单位草食动物研究室的专家们响应省里的号召，以省科技特派员的责任和担当，一路帮扶我们合作社指导生产。

我们合作社以养殖本地山羊为主业（现在养了 1 000 多只羊），按照本地的气候和场里的生产安排，春节前后恰逢母羊产羔的高峰期，正是场里最忙的时候。这次新冠肺炎来临，我们场里出现了产羔障碍，部分饲料短缺，消毒防疫知识欠缺导致工作人员恐慌等问题。就在这时，贵单位草食动物研究的专家们通过手机视频或电话的方式给我们指导生产，他们告诉我们：如何利用场里现有的消毒用品进行场区和人员的消毒，如何为羊羔科学保温，如何调整饲料配方并充分利用周边草料资源保障饲料供给，帮助合作社挺过难关。

此时此刻，我不知道如何表达对你们的感激，只想跟这些帮助过我们的专家们说，你们辛苦了，谢谢！

祝工作顺利！

感谢信

广东省农业科学院动物科学研究所：

各位专家，您们好！尽管新冠肺炎的形势依然严峻，但在这个艰难时刻，来自贵单位草食动物研究室的专家们响应省里的号召，以省科技特派员的责任和担当，一路帮扶我们合作社指导生产。

我们合作社以养殖本地山羊为主业（现在养了 1 000 多只羊），按照本地的气候和场里的生产安排，春节前后恰逢母羊产羔的高峰期，正是场里最忙的时候。这次新冠肺炎来临，我们场里出现了产羔障碍，部分饲料短缺，消毒防疫知识欠缺导致工作人员恐慌等问题。就在这时，贵单位草食动物研究的专家们通过手机视频或电话的方式给我们指导生产，他们告诉我们：如何利用场里现有的消毒用品进行场区和人员的消毒，如何为羊羔科学保温，如何调整饲料配方并充分利用周边草料资源保障饲料供给，帮助合作社挺过难关。

此时此刻，我不知道如何表达对你们的感激，只想跟这些帮助过我们的专家们说，你们辛苦了，谢谢！

祝工作顺利！

龙川县鑫炬种养合作社

2020 年 2 月 21 日

来自农民的感谢信

感谢信

广东省农业科学院：

　　我是湛江农科院桑果园的承包户。今年新春伊始，新冠肺炎来势汹汹。桑果园的春耕生产却又不能耽误，否则将影响今年的收成。正在我彷徨无助的时候，省农科院派驻湛江分院的专家及时送来了"战'疫'进行时，科技助春耕"春耕生产技术指导资料，通过学习，使我茅塞顿开，这套资料指导我们怎样在防疫的基础上开展春耕生产，使我顺利地完成了桑果园的春耕工作，解决了我一个大难题。衷心感谢省农业科学院，想农户之所想，急农户之所急，为我们雪中送炭。

　　再次表示衷心的感谢。

农户：陈崇志　敬上

2020年2月29日

感谢信

广东省农业科学院潮州现代农业促进中心：

　　近半年来，贵中心对我方的肉鸡健康养殖提供了诸多帮助和技术指导，进而增强了我们养殖场的生产和管理能力。此外，贵中心也在项目合作和资金扶持方面提供了帮助。在近期新型冠状病毒疫情背景下，贵中心专家仍心系我方养殖场，通过电话、微信等方式进行远程技术指导，使我方养殖场可以正常有序开展工作。

　　衷心感谢贵中心对我养殖场的关心和帮助，希望我们后续能够有更进一步交流和合作，也衷心期望贵中心全体专家身体健康，工作顺利！

潮州市湘桥区锦江养猪场

2020年2月27日

后 记

广东省农业科学院作为全省农业科技工作的主力军，至今已风风雨雨走过 60 载。在中共广东省委、广东省人民政府的正确领导下，省农科院始终秉承"科技创新，服务三农"的初心，勇攀科技高峰、传承科学精神，肩负起科技创新与服务"三农"的时代使命。在新时代的召唤下，省农科院将继续认真贯彻落实中共广东省委、广东省人民政府决策部署，按照中共广东省委常委叶贞琴同志提出的"扭住主旋律、投身主战场、当好主力军、用好主平台"要求，牢记使命，砥砺前行，积极投身到乡村振兴的大舞台，为现代农业发展和农业科技事业腾飞绽放光芒。

本书的出版，凝聚了省农科院全体干部职工的智慧和心血。在此，诚挚感谢五年来一批又一批扎实深耕田间地头、真诚服务乡村振兴的分院驻点人员；诚挚感谢情系"三农"、躬耕沃野而付出心血和汗水的全院广大科技工作者；诚挚感谢一直支持省农科院事业发展的省财政厅、农业农村厅、科技厅等省直单位和各级党委、政府、有关部门；诚挚感谢为"三农"事业鼓与呼而不懈努力的新闻媒体。希冀各位同仁一如既往地关心、支持省农科院建设和农业科技事业的发展，在进一步深化院地合作中共同推进广东乡村振兴事业大发展。

本书受广东省乡村振兴战略专项（农业产业发展—科技兴农）——广东省农业科学院乡村振兴地方分院和专家工作站工作经费（2018—2020）、广东省农业科学院省级农业科技特派员精准扶贫乡村产业振兴科技支撑项目、广州市农村科技特派员项目、广东省乡村振兴战略专项资金（农业科技能力提升）——《菠萝产业技术提升项目》等资助，在此一并表示感谢。

　　由于编者水平所限，时间比较仓促，书中难免有不尽完善之处，敬请读者批评指正。

　　兹拟拙联一副，与所有农业科技工作者、支持和关心农业科技工作的朋友们共勉：

**　　近五载春华秋实势如破竹敢为先；**

**　　新甲子步履不辍一懂两爱续征程。**

　　是为记。

编　者

2020 年 9 月